皮革和布制作的钱包

（日）越膳夕香　著
裴　丽　陈新平　译

化学工业出版社
·北　京·

目录

HOW TO MAKE

COIN CASE

WALLET

MINI COIN CASE

HOW TO MAKE

用皮革和布料制作
钱包的方法

※ 部分纸型在本书的末页或封面背面。

COIN CASE

介绍所有款式的零钱包。

常见款、怀旧款、胶粘款、手缝款、布料款等。

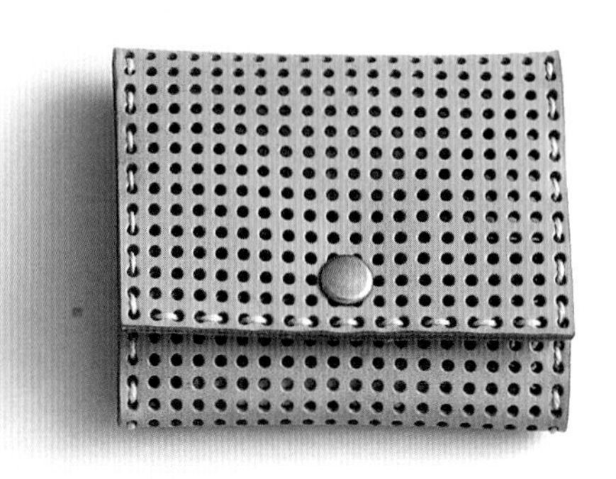

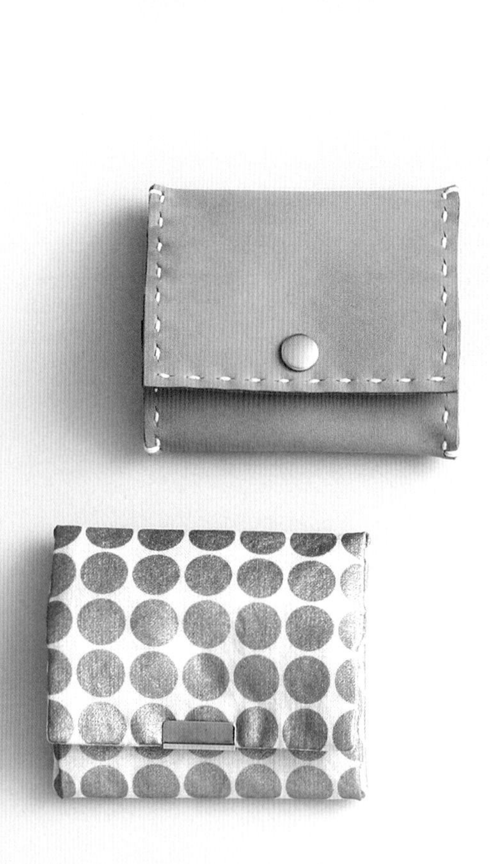

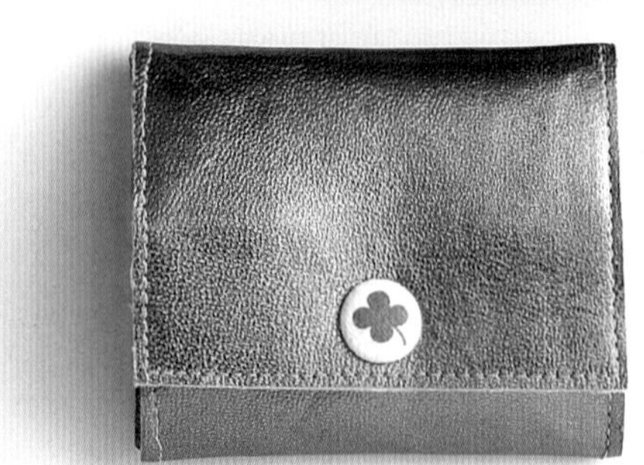

1

盒褶零钱包

小巧实用的方形零钱包，经典的基本款式。
如果使用布料，可以包住子母扣，增添趣味。

how to → P.37-38，46-47

展开式零钱包

方便单手拿取的形状，
打开子母扣就是一层。

how to → P.48

2

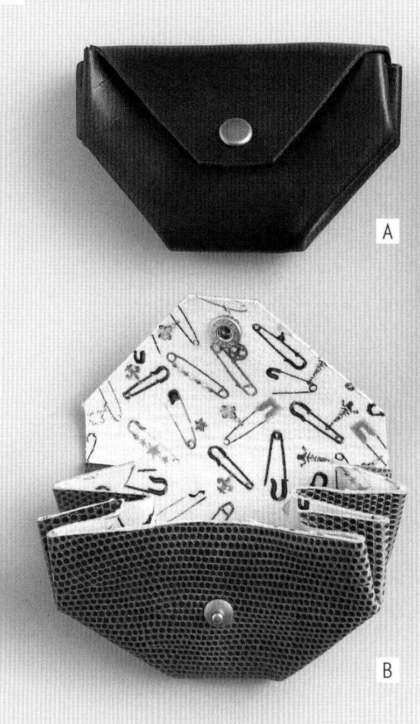

A

B

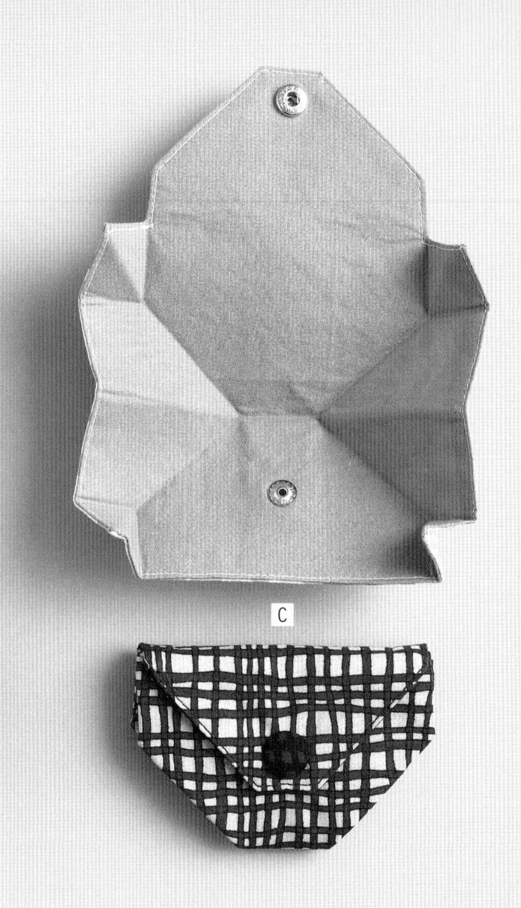

C

3

光面零钱包

零钱被兜住，
方便看清及取用。

how to → P.49

B

A

A

4 三角形零钱包

平行四边形整齐折叠而成的简单构造。

how to → P.50

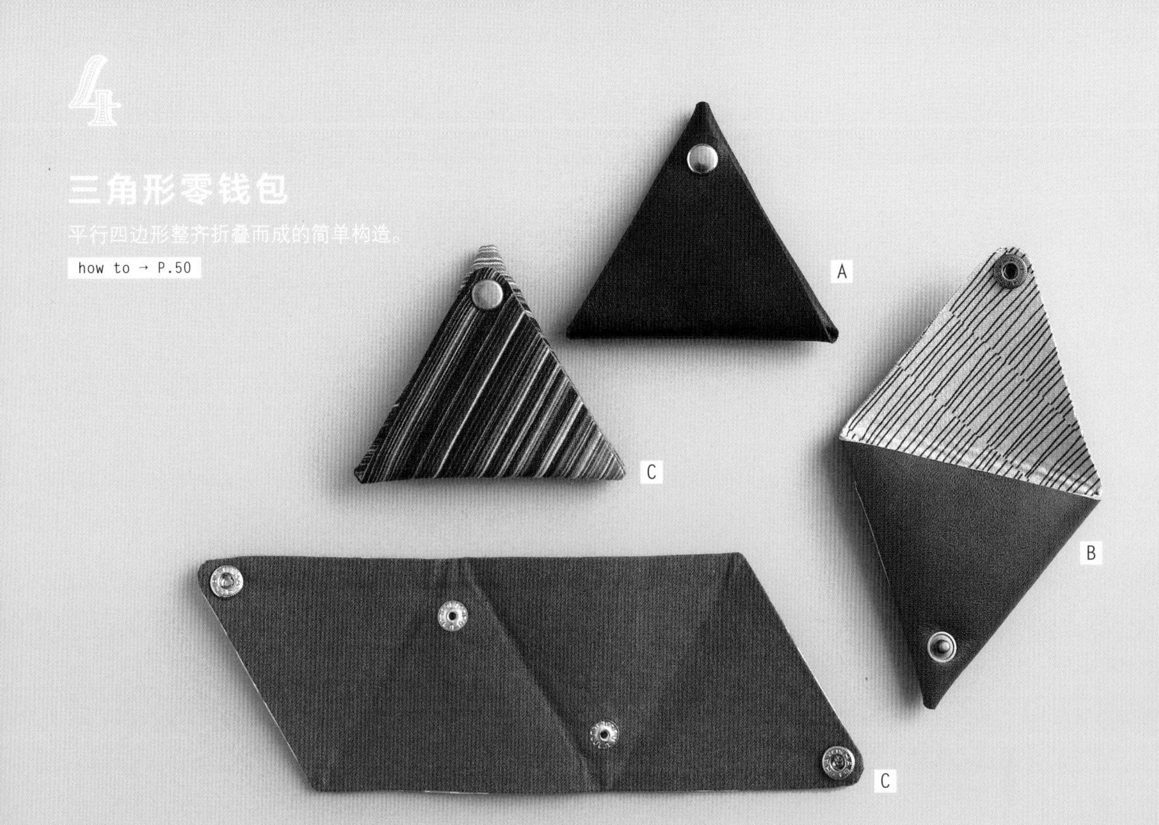

方形零钱包

只需用子母扣固定大小两片方形，
从任何一边都能取出零钱。

how to → P.51

6

拉链零钱包

拉链可以缝合成任何形状。
手缝制作，充满手作特色。

how to → P.51-54

D b
D a
E
F

G

7

粽角零钱包

使用粽角口金制作的可爱零钱包。
打开磁扣，向上方滑动就能展开口金。

how to → P.54-55

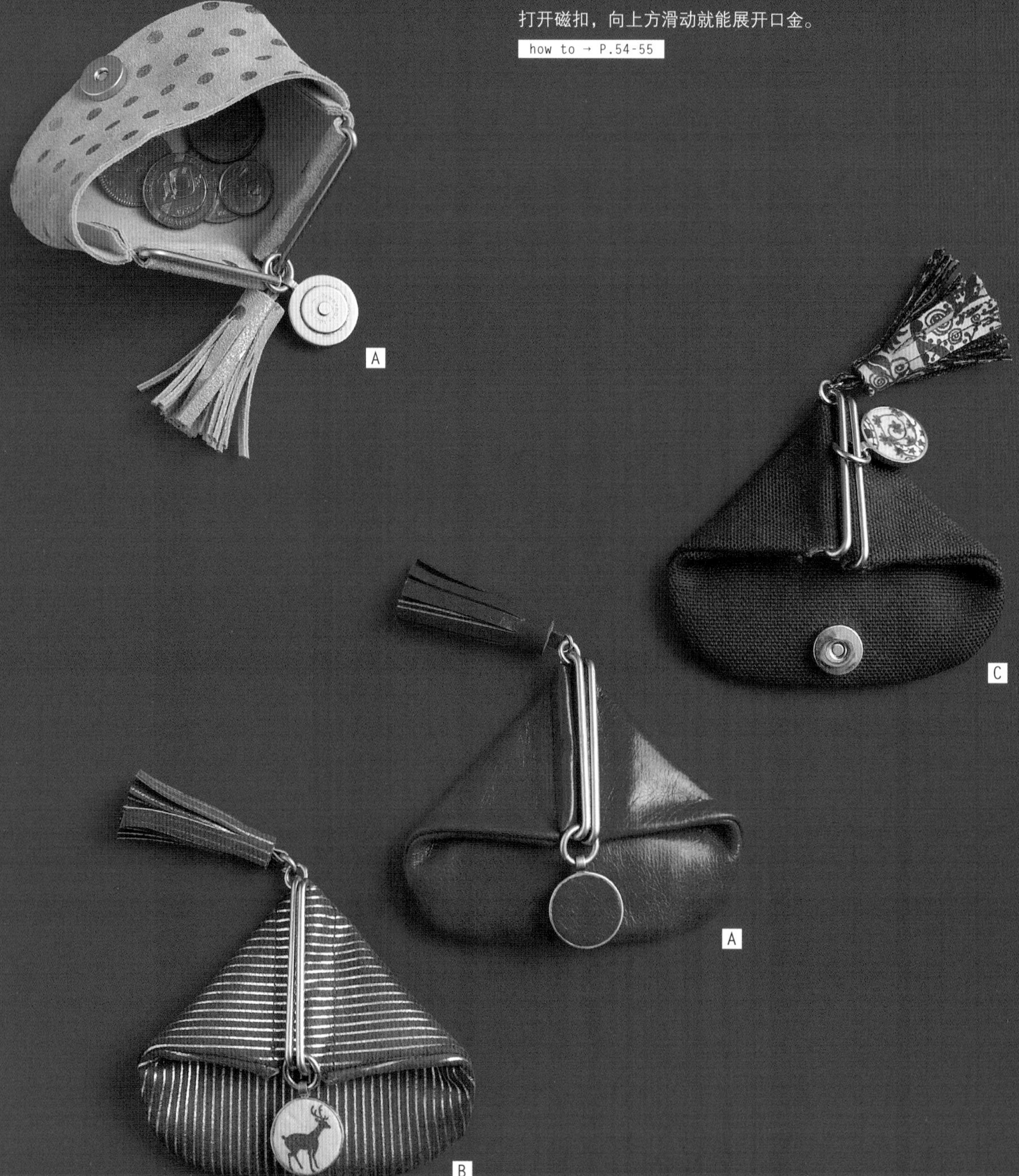

A

8

口金零钱包

对称的梯形，
搭配精美的口金。
口金的颜色也要对应材料选择。

how to → P.56

B

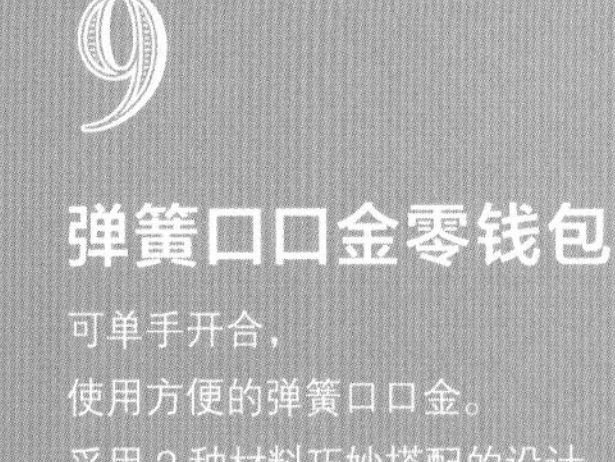

9

弹簧口口金零钱包

可单手开合，
使用方便的弹簧口口金。
采用 2 种材料巧妙搭配的设计。

how to → P.57

A

B

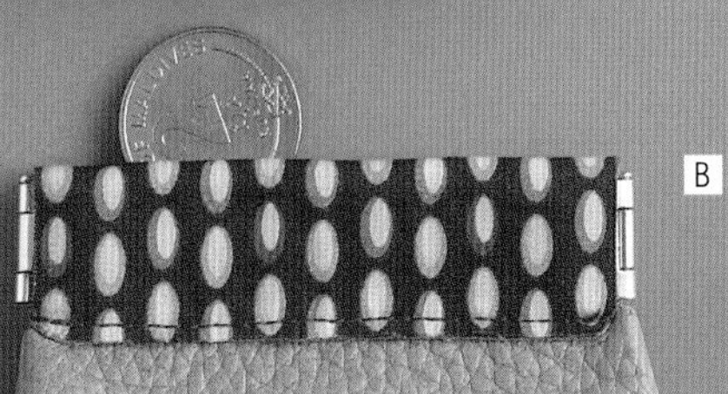

B

10

圆底零钱包

圆底的小袋子，
用链条相接的圆环束口。

how to → P.58-59

11

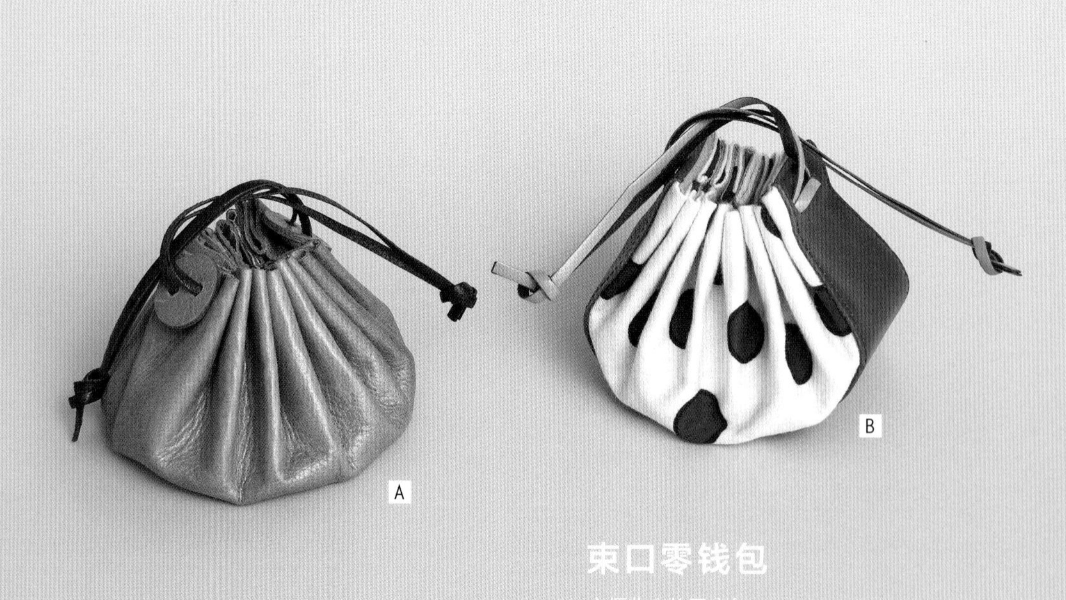

束口零钱包

方便收束的圆底包，
缩褶也很漂亮。

how to → P.60

12

贝壳口零钱包

用张力充足的材料作为内衬，
压住两端，上方口部开合。

how to → P.61

13

折纸零钱包

折纸般奇妙设计，
展开后呈盒状。

how to → P.63

A

B

带夹层的展开式零钱包

与展开式零钱包（第 6 页）的形状相同，
但制作分区，并用气眼固定。

how to → P.61-62

14

15

风琴零钱包

气眼固定两侧，制作成 3 个盒状。
关键是内侧也带盖。

how to → P.39-40,62

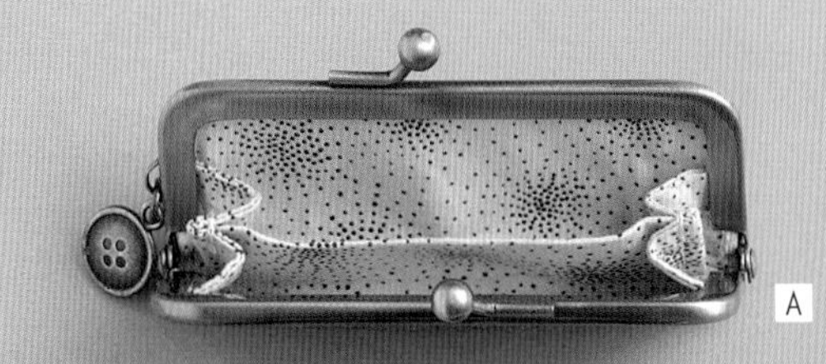

A

B

16

带夹层的口金零钱包

精巧的尺寸也能分区，
将零钱细致分开的小零钱包。

how to → P.68

A

B

17

零钱整理夹

使用硬币分区的专用口金。
内侧还能存放四层折叠的钞票。

how to → P.64-65

WALLET

搭配零钱包使用的钱包，
能够放入零钱、卡片及纸币，
包括口袋多的长钱包及对折钱包。

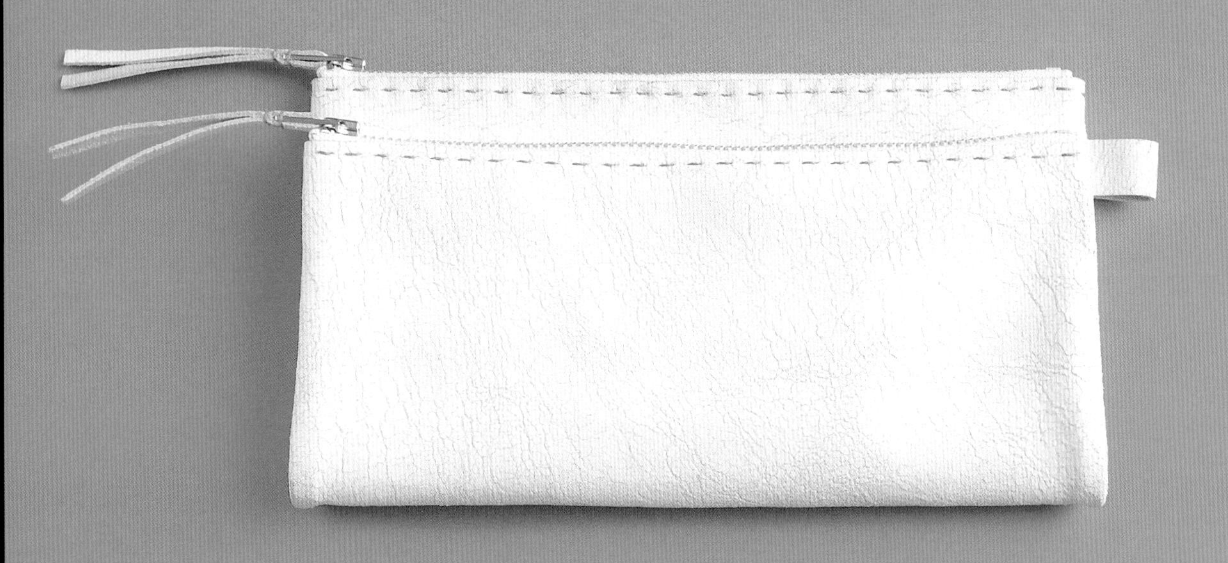

SUBITEM

18

双拉链钱包

缝合成筒状的皮革上下开口缝接拉链，
对半折叠用子母扣固定。
各口袋能分开使用，口袋之间还能放入零钱包。

how to → P.69-70

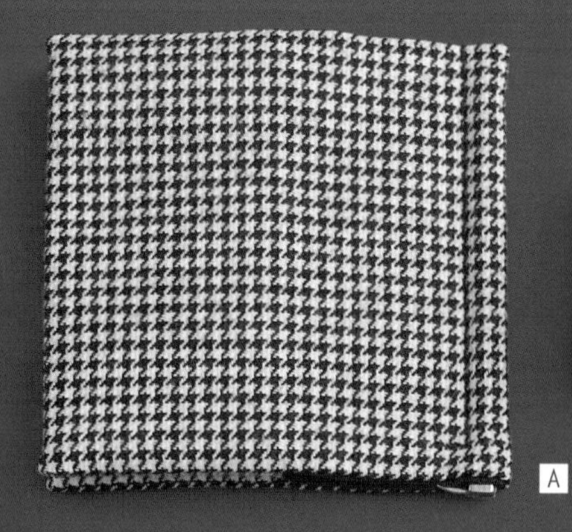

SUBITEM A

A

B

19

钱夹

纸币夹入内侧的卡夹，
口袋中还能存放卡片等。
还能搭配同种布料或皮革制作成零钱包。

how to → P.66-67

SUBITEM B

SUBITEM C

C

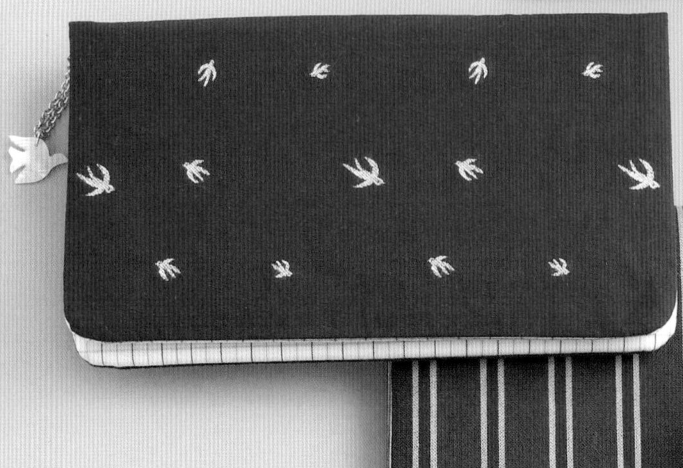

20

信封钱包

票据、纸币等都能放入的钱包，
方便使用的基本形状。

how to → P.70-71

SUBITEM C

B

A

SUBITEM A

21

折叠钱包

打开之后，两侧都是口袋。
加上拉链，
还能放入硬币。
设置分区，
还能制作成卡片尺寸的口袋。

how to → P.72-73

22 简款长钱包

设计了可存放 12 张卡的卡袋，
方便使用的基本款长钱包。
花纹分上下方向时，
可在背面加上口袋。

how to → P.74-75

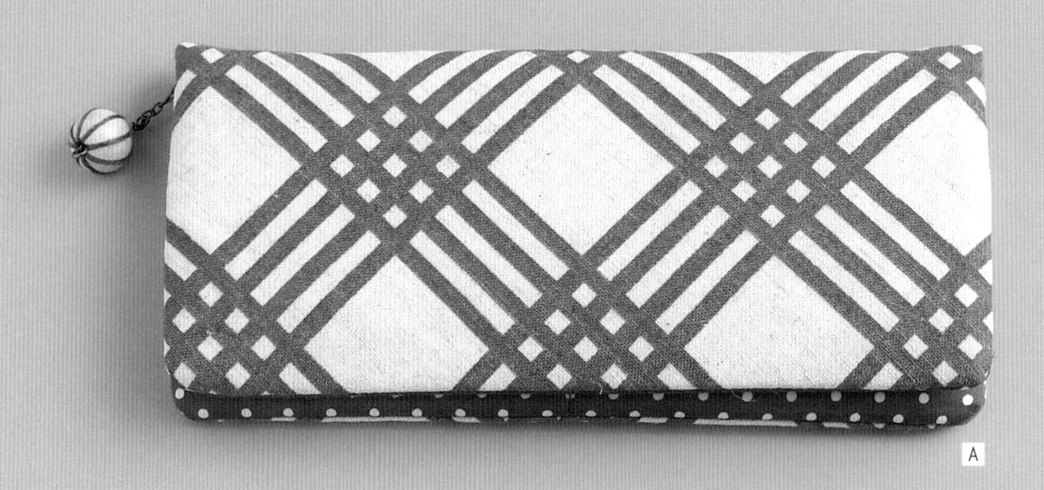

A

B

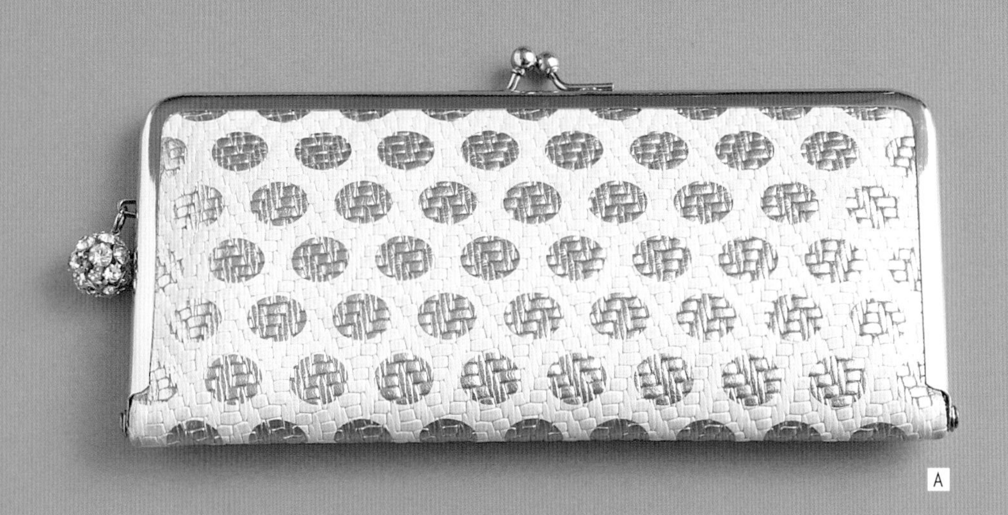
A

B

23 口金长钱包

受欢迎的口金长钱包。
分为两种设计，可加入许多夹层分区，
也可设计带拉链的零钱包。
根据喜好，选择使用方便的款式。

how to → P.41-44,76-77

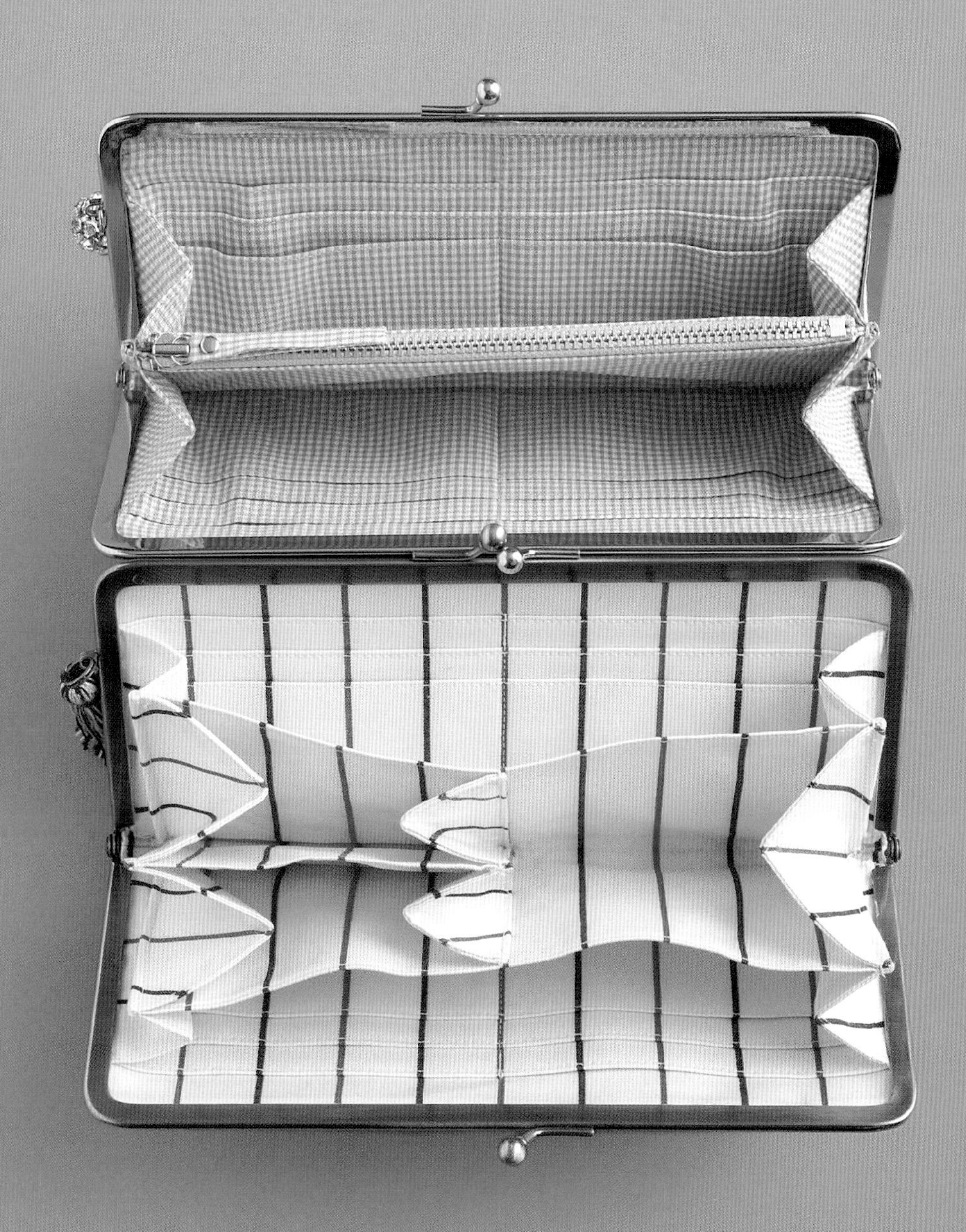

SUBITEM

24

圆底拉链长钱包

拉链缝接于皮革，针迹也是设计的一部分。
使用与皮革不同颜色的线，作为装饰。
内页为带拉链的零钱包。
还可制作小荷包，搭配使用。

how to → P.78-79

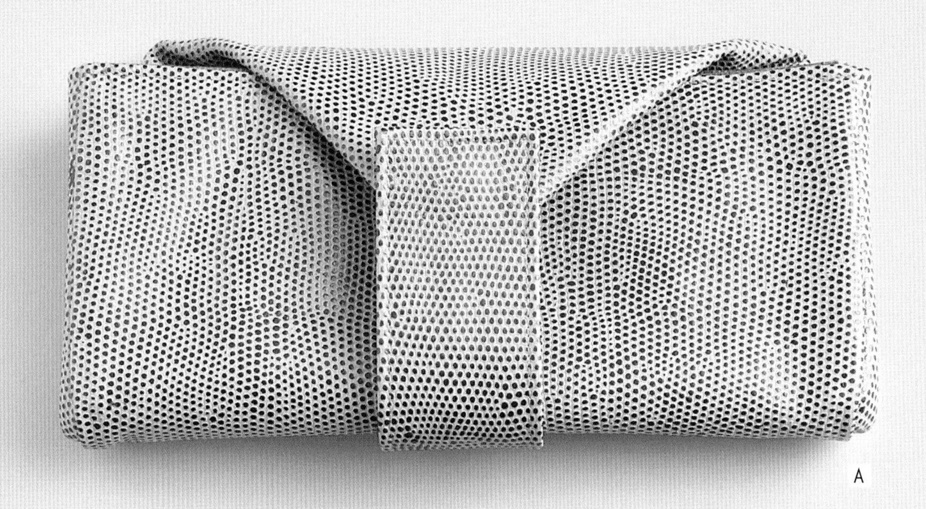

A

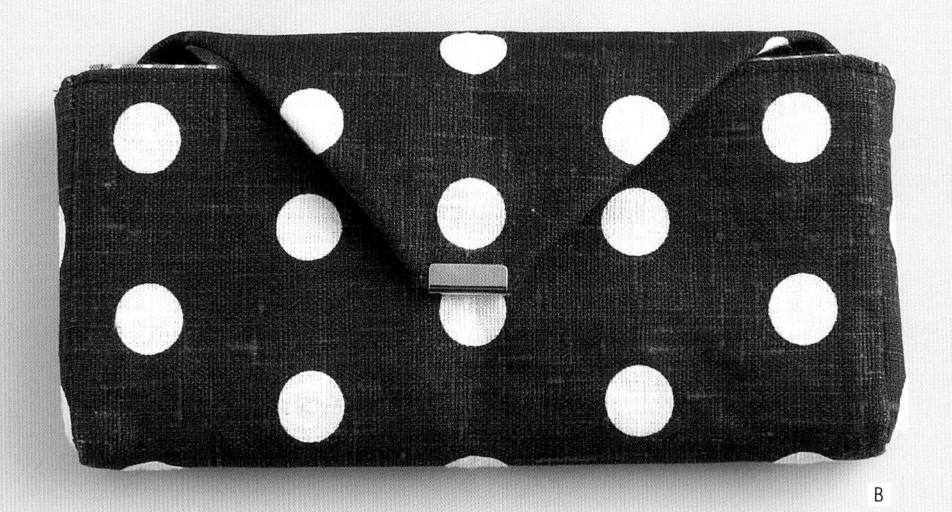

B

25 手拿包

零钱包打开角度大，可看清及方便取用。
还有纸币夹层及卡片袋。
分为 2 种，用挂袢固定包盖或磁扣固定包盖。
皮革制品常见的形状，也可用布料制作。

how to → P.80-82

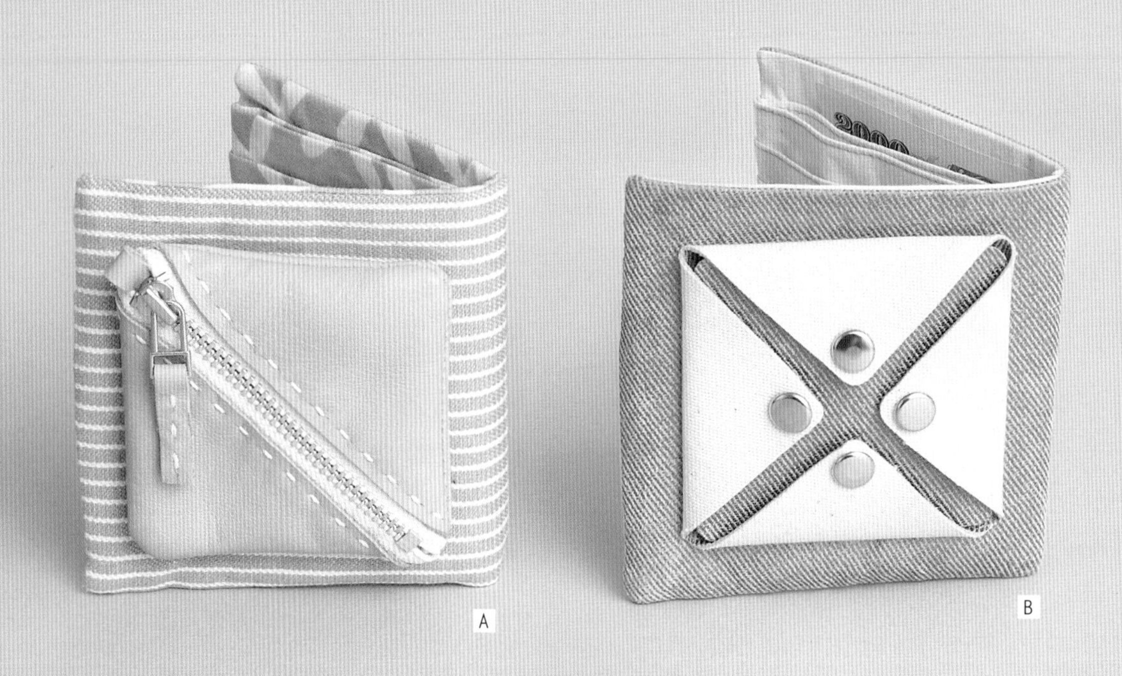

26 对折钱包

需要使用零钱时，也可将钱包展开使用的类型。
卡袋部分的制作方法与第 20 ~ 27 页长钱包的要领相同。
零钱袋部分参照第 4 ~ 13 页。
根据自己的喜好搭配，追求适合自己的便利感。

how to → P.44-45,82-83

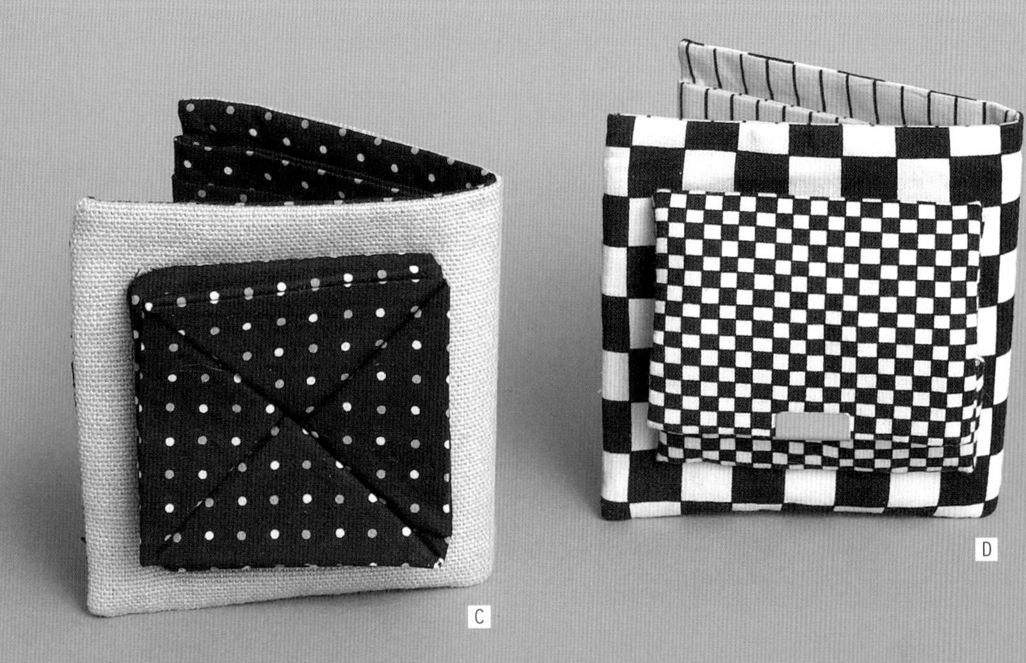
C
D

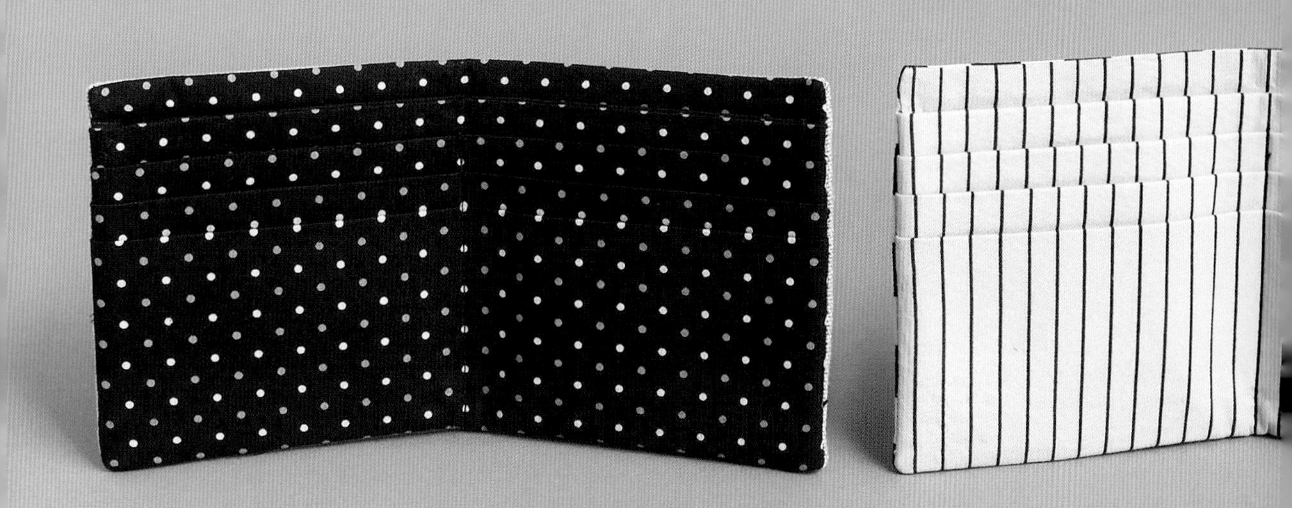

27 三折钱包

需要体积紧凑的钱包时，可加上链条，
放入手袋或裤子口袋中。
零钱包可以设计在钱包的内侧或外侧。
此外，缝接的方向也可自由改变。
此处用相同布料制作零钱包，
或者用不同布料也有反差互动感。

how to → P.84-85

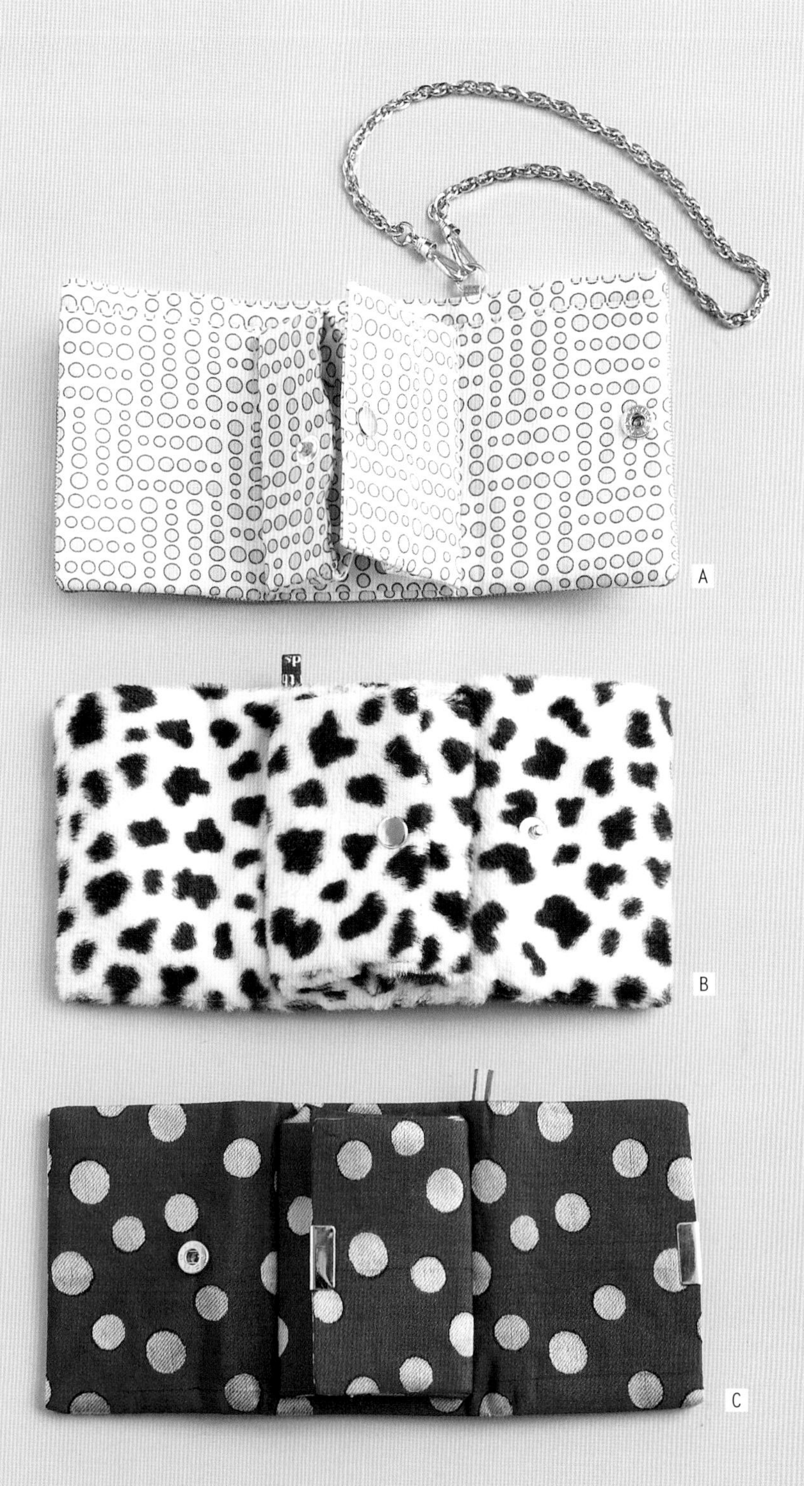
A
B
C

MINI COIN CASE

成品尺寸 3.5 ~ 4cm 左右的小巧零钱包。
还可加上链条，挂在手袋的拎手上。

28

小零钱包

尺寸小巧也能放入硬币。
结合拉链、子母扣、口金、弹簧口的
包包也同样小巧可爱，
却能保留钱包的造型。

how to → P.86-88

盒状 A

口金 B

口金 A

口金 A

盒状 C

盒状 B

口金 B

口金 B

马卡龙

HOW TO MAKE

用皮革和布料制作钱包的方法

○开始制作前阅读第34页至45页，了解基本的材料、常用的工具及操作方法。
○选择皮革时，以各作品的材料中标注的种类和厚度为准；选择布料时，以材料及类型为准。
○作品的成品尺寸以“宽×长”或“宽×长×侧片宽度”表示大概数值。材料的皮革、布、黏合衬的尺寸“宽×长”以cm为单位，金具类以cm或mm为单位。此外，制作方法的图中尺寸以cm为单位。
○实物等大纸型参考作品编号和所需零件，从尾页或封壳背面中选择使用。将所需零件描印于绘图纸等通透纸张。“外褶”部分制作尽可能展开状态的纸型。拼合标记、子母扣固定位置、开衩止处等不要忘记标注。挂袢、拉片装饰等无纸型的零件参照图示尺寸裁剪。—·—·— 为正着对折，———— 为反着对折。
○相同种类的作品，制作方法的图中有时会省略重点，请参照类似作品的制作方法的页面。

基本的材料·工具

皮革

根据制作方法，应选择合适厚度及硬度的皮革。猪皮薄且柔软，家用车缝线基本就能处理。厚度以使用皮革的作品的材料作为参考。

- 1 片材料反面向内缝合时…厚度 1.1 ~ 1.3mm，可以稍硬。
- 2 片材料回针缝时…厚度 0.5 ~ 0.7mm 的柔软皮革更方便使用。

布

本书中主要使用棉布或麻布，有的作品也有使用服饰用布料。长钱包、对折钱包的卡片袋及纸币袋等折叠制作的零件尽可能使用薄布，且建议选择不需要对花纹的单色或细小花纹的布。

熨烫黏合衬

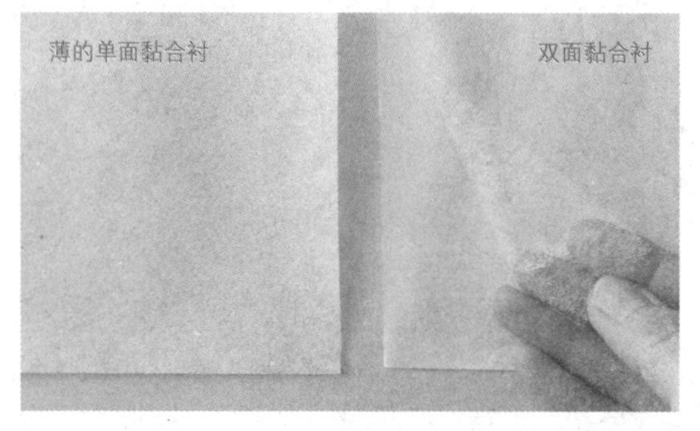

本书中，使用了单面黏合衬（薄无纺布型）和双面黏合衬（蜘蛛网型）。粘贴时干燥熨烫，熨斗不滑动逐渐改变位置按压贴合。

线

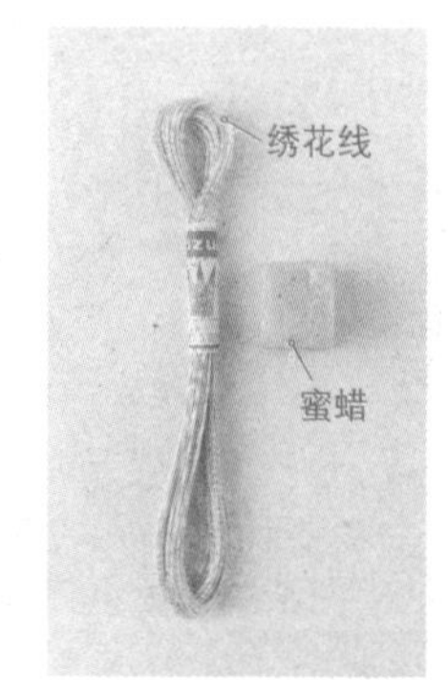

本书中，手缝皮革时主要使用麻制的绣花线。为了防止线与皮革切面摩擦而断裂，先用蜜蜡划过之后使用。

蜜蜡

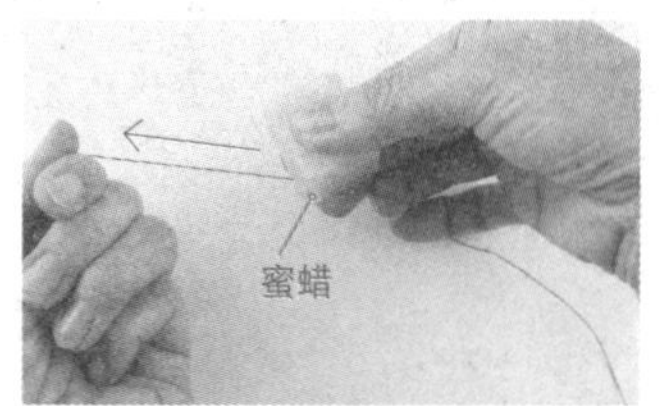

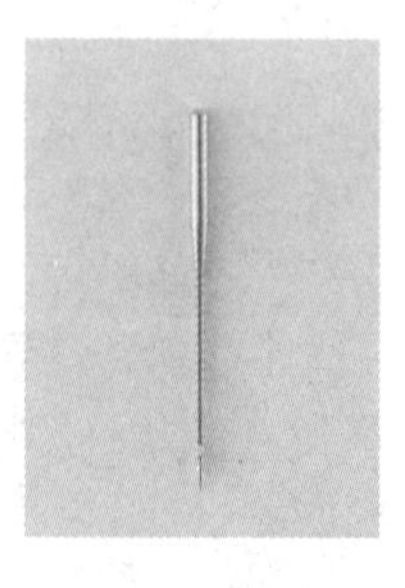

车缝线使用涤纶线，用于皮革或布均结实、平整。

车缝线·
普通布用（60 号）/FJX

针

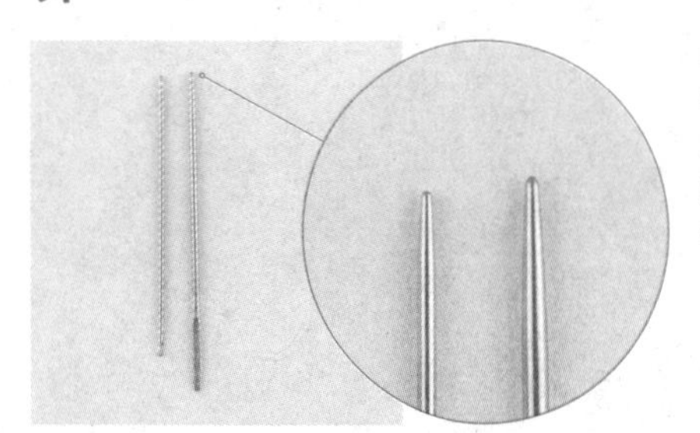

本书中，缝合皮革时用锉刀将针前端磨圆后使用。这是为了防止弄伤皮革的亮面（表面）及缝线。也可使用绣花针或细的手缝针。

车缝时，选择适合车缝机的针。对应皮革及布的厚度，选择针的粗度。本书中，使用 11 号和 14 号针。

子母扣 · 气眼

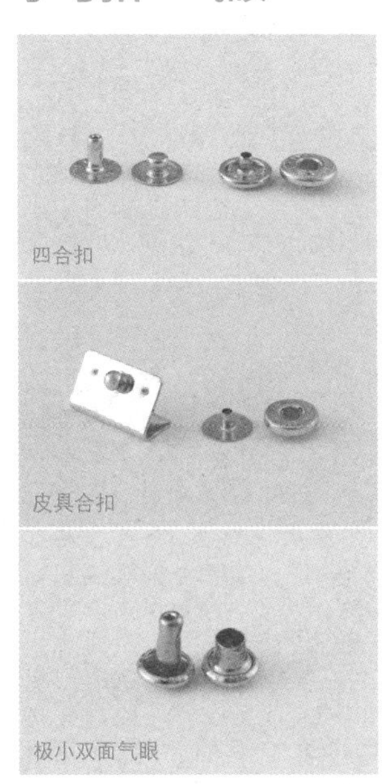
四合扣

皮具合扣

极小双面气眼

本书中，子母扣使用四合扣和皮具合扣，气眼使用极小双面气眼。

- 纸型的标记位置仅为参考，有时需要根据所使用的皮革及布料的厚度进行微调，所以用开孔器开孔前必须确认。特别是长钱包及折叠钱包，建议将纸币及卡片放入确认。
- 如果感觉子母扣接触不紧密，子母扣安装完成后，将皮革边角料或黏合衬剪成圆形，贴在背面。

拉链

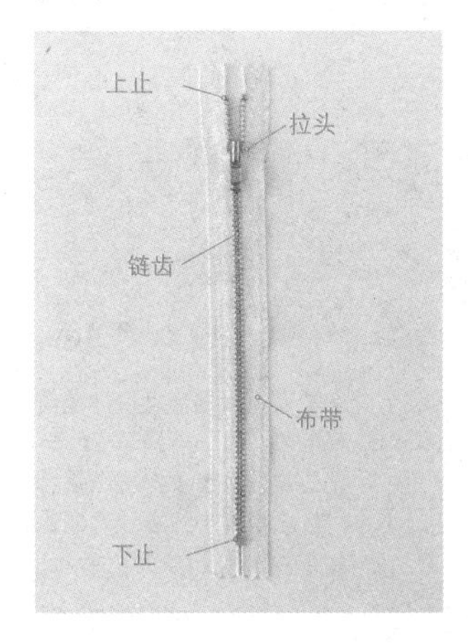

本书中，使用3号金属拉链。材料中标记的长度是指上止边缘至下止边缘，需要缩短时用镊子和尖嘴钳调整（→参照第41页-2）。手工材料店内也有各种加工好的成品。

挂饰 · 拉片装饰

- 使用带环口金的作品，如果加上合适颜色及花纹的挂饰，更加增添原创趣味。
- 拉链的拉片拆掉之后加上开口圈，改造成喜欢的拉片装饰。也可装上成品的拉片装饰，或者更换为带好看拉片的拉头。可以从手工材料店购得。

肉面处理剂

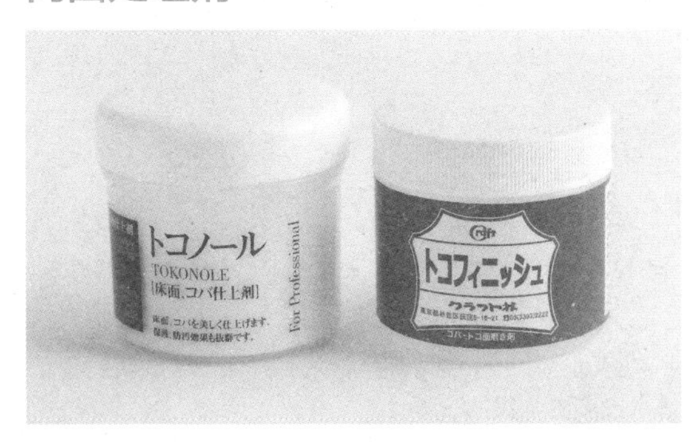

"肉面"是指皮革的背面。用一张皮革完成的作品涂布肉面处理剂之后，可以抑制皮革的背面及边缘的毛边，使其更平滑。

皮边油

皮边油

用于防止布料绽线，净裁布料的作品建议涂布。
本书中使用透明的皮边油，干燥速度快，且干燥后不会变硬。

皮革划线规 · 划线器

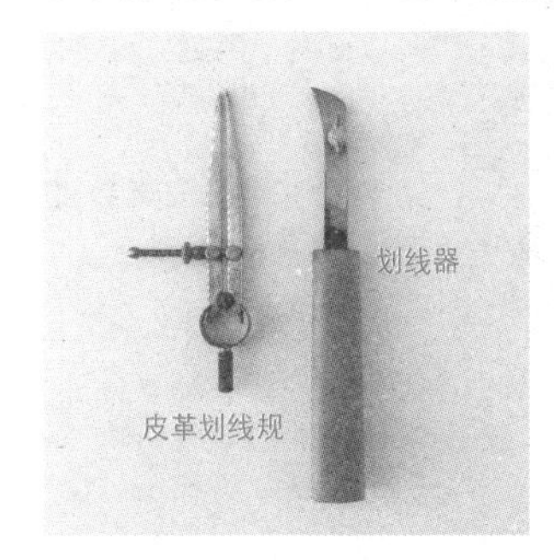

在皮革上划线的工具。手缝皮革作品在缝合前开针孔，但在此之前用皮革划线规或划线器压着边缘内侧3mm划线（→参照第37页-1）。如果没有，使用方孔规和锥子划线。

菱斩

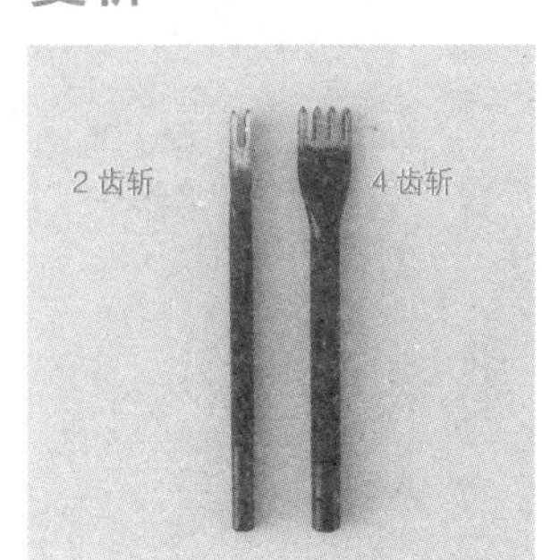

等间隔开针孔的工具，本书中使用4mm间隔的菱斩。图片中为2齿斩和4齿斩，2齿斩用于弧线部分。如果没有菱斩，可以使用方孔刻度尺和锥子开孔。

制作整齐的技巧

贴合

贴合相同材料时，先稍大一圈粗裁整周，贴合之后再按纸型裁剪，可确保整齐。

使用双面黏合衬

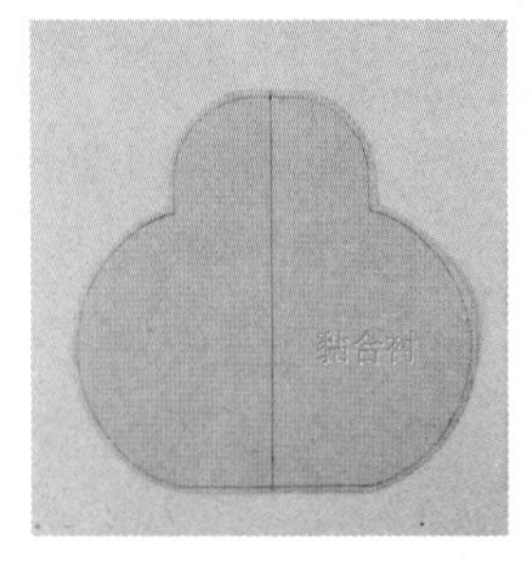

● 皮革+布料…布料贴黏合衬之后揭开剥离纸，重合于皮革上，熨烫压实贴合。

● 布料+布料…薄布料贴黏合衬之后揭开剥离纸，重合于厚布上，熨烫压实贴合。

使用胶水

● 完全贴合时…使用上述双面黏合衬会更方便，相同材料（薄布料除外）可以用胶水贴合。此时，用刮刀将胶水均匀涂抹于较厚一侧材料（已粗裁），重叠贴合压实，干燥后按纸型裁剪。

● 仅贴合外周时…在材料外侧的背面涂布胶水（沿着外周5mm左右宽度），重合外侧和内侧的材料，按成品状态制作折痕后贴合。如果外侧和内侧出现尺寸差，可剪掉多余的内侧部分。

本书中使用的胶水为水性，易拉伸，干燥后呈透明状。这种胶水与普通的木工用或手工用胶水相同，除了黏结材料，还可用于防止绽线或线头处理等。浓度高的胶水，可能用于黏结口金等。

回针缝

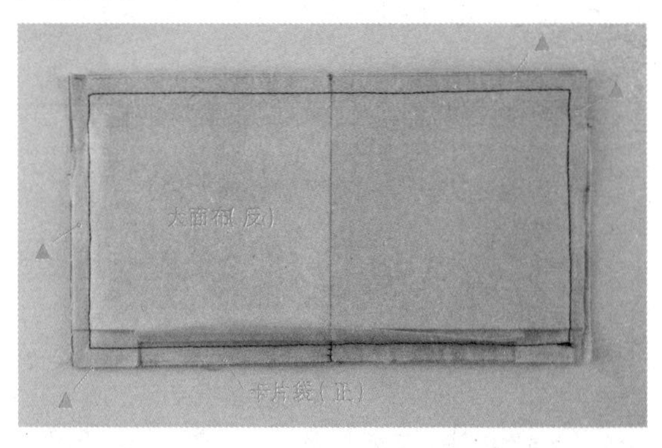

● 正如长钱包或折叠钱包等，回针缝大面布和卡片袋（ ）时，需要将内外面材料正面向内对合，用胶水粘贴四周（图片▲）。内外剩余部分用锥子压实后缝合，避免褶皱。

● 缝合时，必须考虑材料的厚度。“将1cm缝份回针缝为0.8cm之后，翻到正面。”

● 袋口（翻口）按“回针缝→平缝→回针缝”缝合，熨烫摊开缝份后解开平缝的针脚，方便装订。装订缝份有“扦边缝”、“胶水粘贴”、“双面胶粘贴”等，根据材料及状况进行选择。

减少缝份的厚度

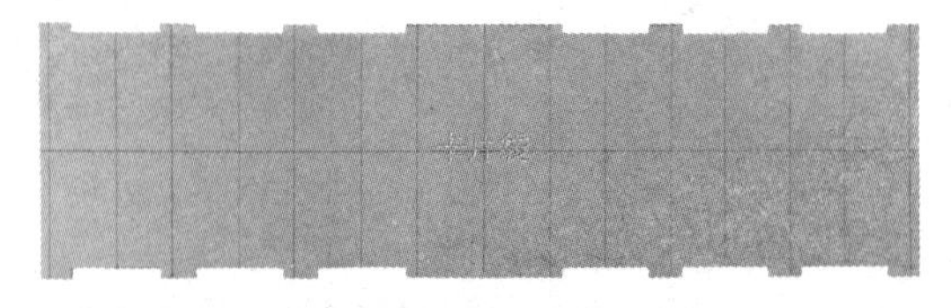

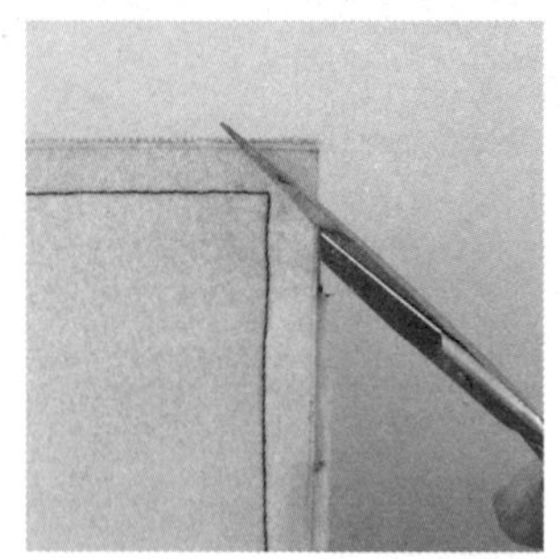

皮革或布料重合之后，缝份较厚时，可以剪掉部分缝份或边角，或者缝份不贴黏合衬。上面的卡片袋的两侧边并非直线也是这个原由。

其他重点

● 拼合标记…从纸型中正确描印，并正确对齐。左右中心的标记也必须加入。

● 折痕标记…为了贴黏合衬的部分能够容易贴合及折叠，应该用刮刀描出折线。折痕通过熨烫压实即可。

● 车缝缝合…缝合始端和缝合末端必须回针缝。每次缝合时，熨烫压实针脚。

● 折边车缝…缝合宽度：一片布对折后为1～2mm，多片布重合时为3～5mm。

开始制作

以使用了基本手法的作品 1、15、23、26 为例。
为了方便理解，使用不同材料，对制作方法的步骤进行介绍。

盒褶零钱包

（与 1–A 同纸型）

一片皮革组合成盒子形状的趣味设计，四合扣和手缝针脚是亮点。其次，应正确标记，使后续制作更容易。

P.4

皮革〔成品尺寸：8cm×7cm〕

材料

外层皮革·贴边（厚度 1.2mm 牛皮）：16cm×20cm

四合扣：直径 8.8mm×1 组　麻线：适量

所需零件　纸型：第 89 页

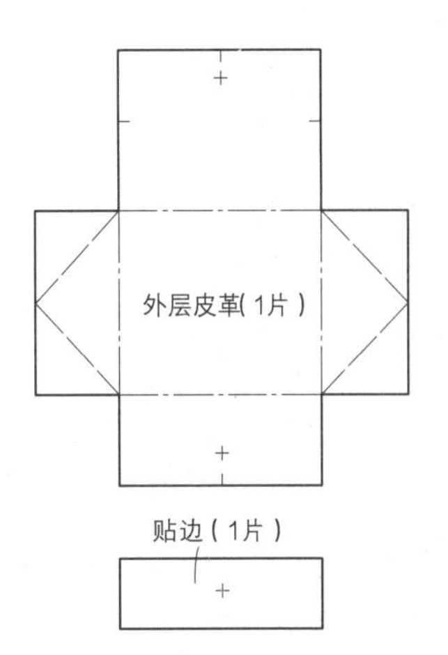

准备　裁剪外层皮革

❶ 纸型重合于外层皮革（已粗裁），用锥子等描点外轮廓。

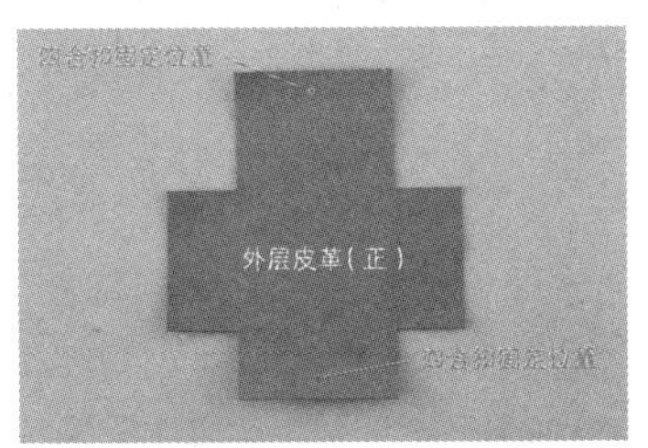

❷ 沿着轮廓线裁剪。四合扣固定位置也要用锥子标记。

准备　处理外层皮革的肉面（反面）和裁剪端（横截面）

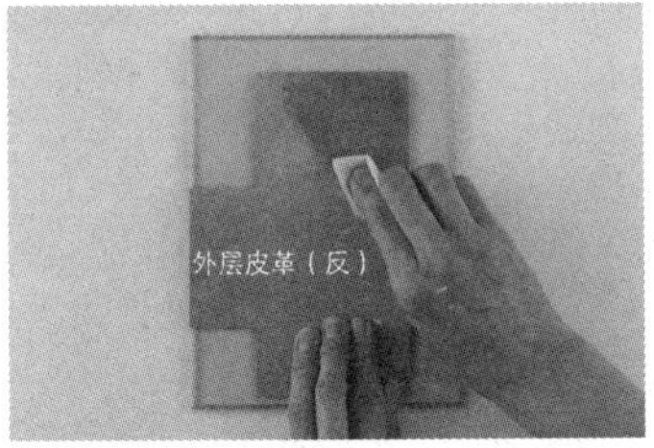

❶ 用指尖取少量肉面处理剂（→参照第 35 页），在皮革的肉面摊开抹匀。用布（碎布头）轻轻摩擦渗入皮革中。

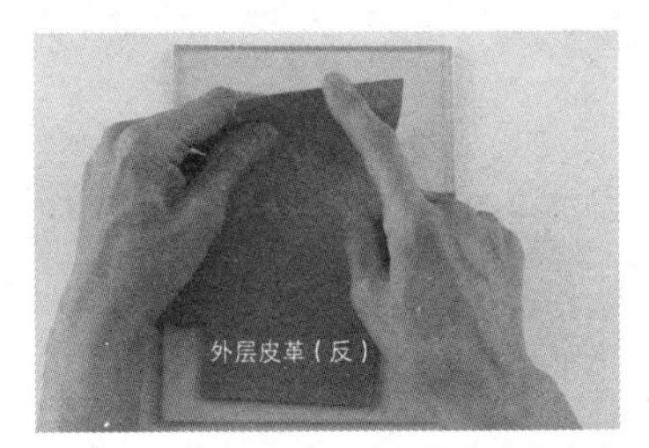

❷ 按步骤①相同要领，在裁剪端涂布肉面处理剂。

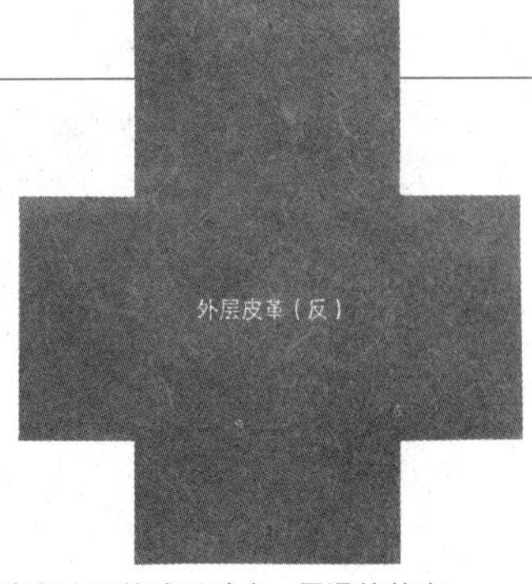

皮革肉面的绒毛贴合、平滑的状态。

制作方法 1　标记

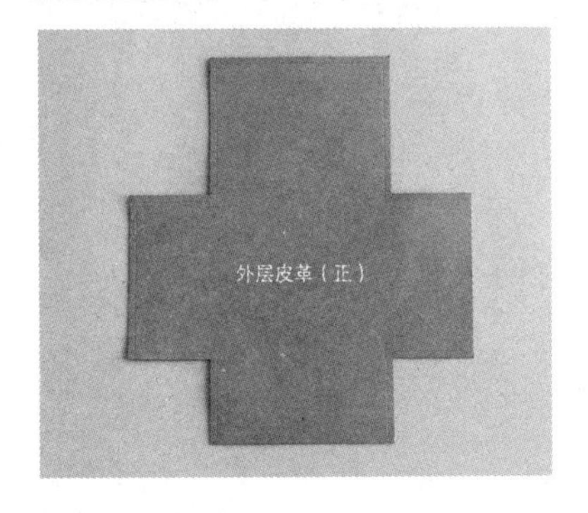

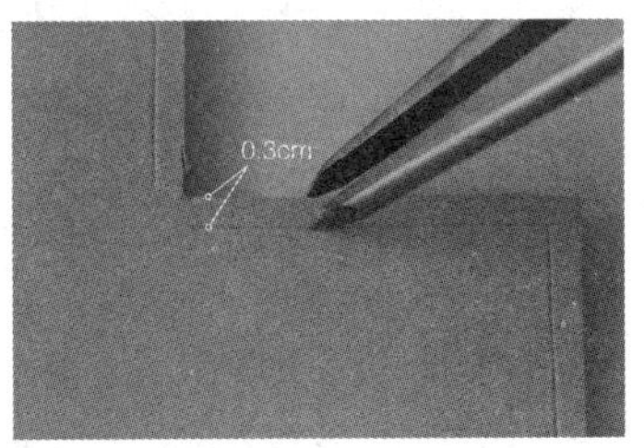

距离外层皮革（正面）边缘内侧 0.3cm 位置，用锥子等（图片中为划线规。→参照第 35 页）划出缝线。

制作方法 2　加贴边

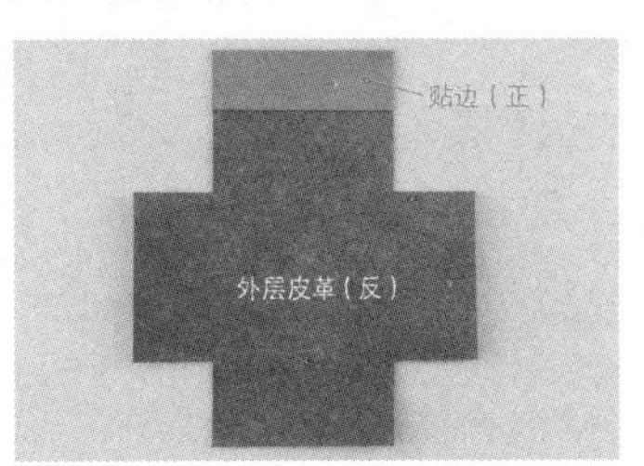

用胶水将贴边粘贴于外层皮革的反面。

制作方法 3 开针孔

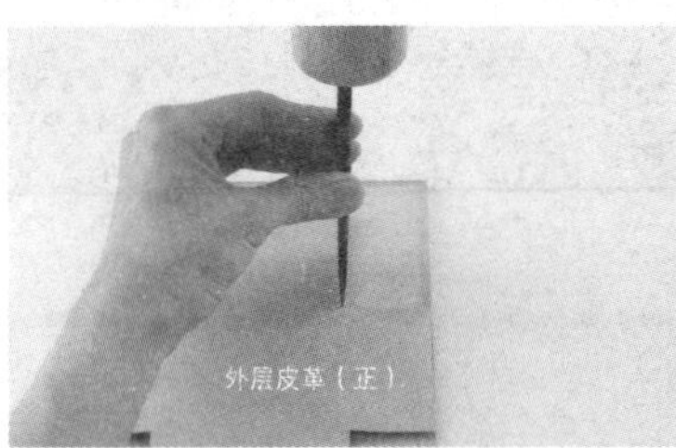

从外层皮革的正面，用菱斩（4mm 间隔）在缝线位置开孔。

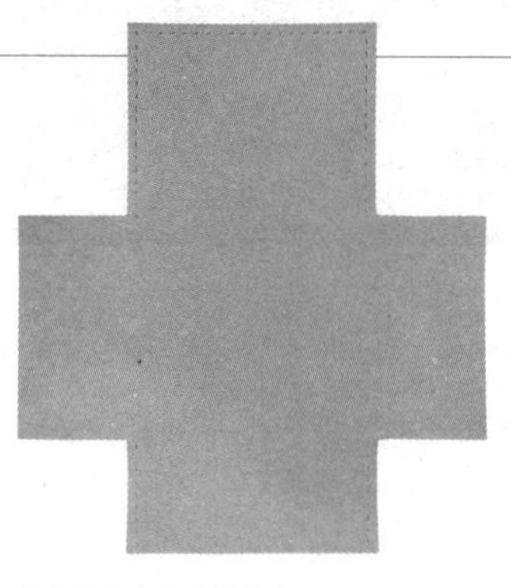

沿着缝线开完孔的状态。

制作方法 4 在四合扣固定位置开孔

将外层皮革的正面朝上，在四合扣固定位置垂直立起气眼冲子，用木槌敲打开孔。

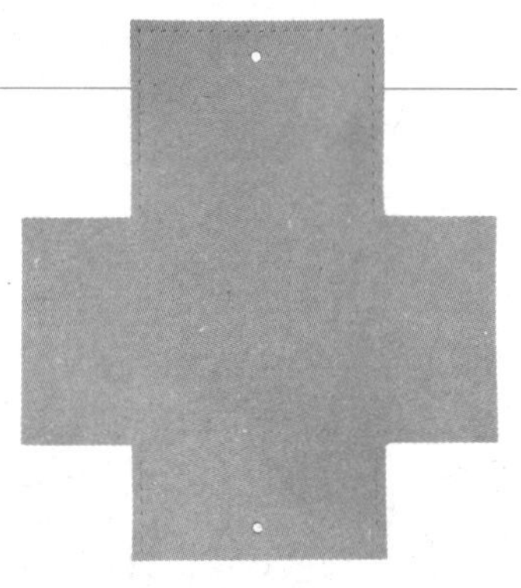

四合扣固定位置已开完孔的状态。

制作方法 5 固定四合扣

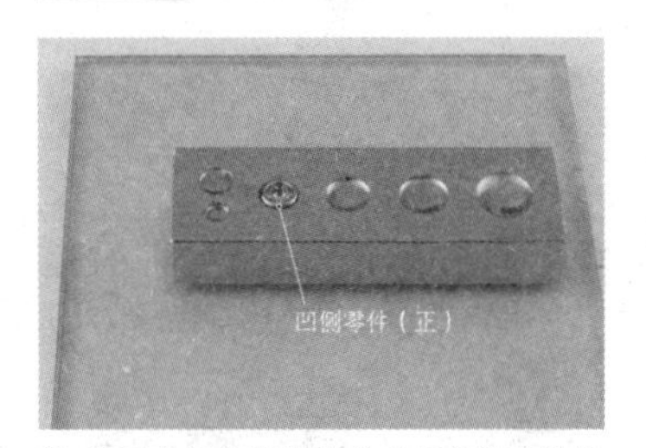

❶ 将四合扣的凹侧零件（正）放在操作台上。

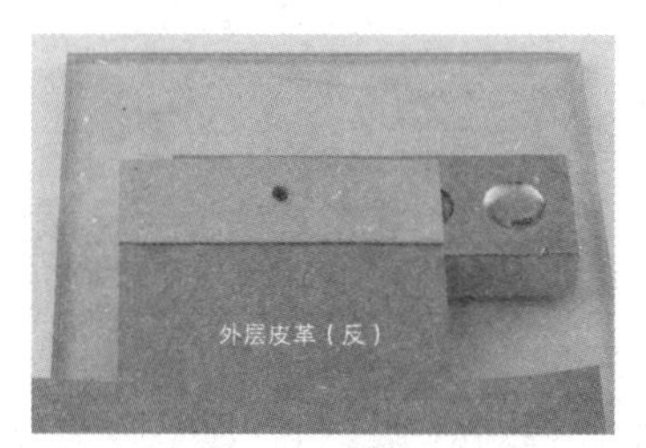

❷ 外层皮革的内盖部分为反面，将凹侧零件（正）的顶端插入孔内。

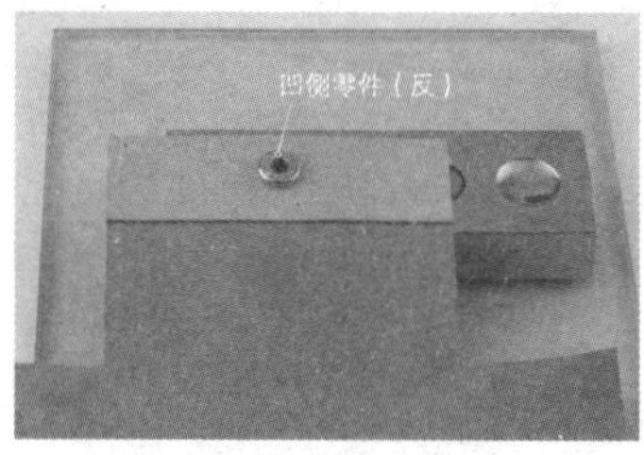

❸ 在露出皮革开孔的凹侧零件(正)顶端，放上凹侧零件（反）。

5

❹ 冲头垂直于凹侧零件（反），用木槌敲打固定。

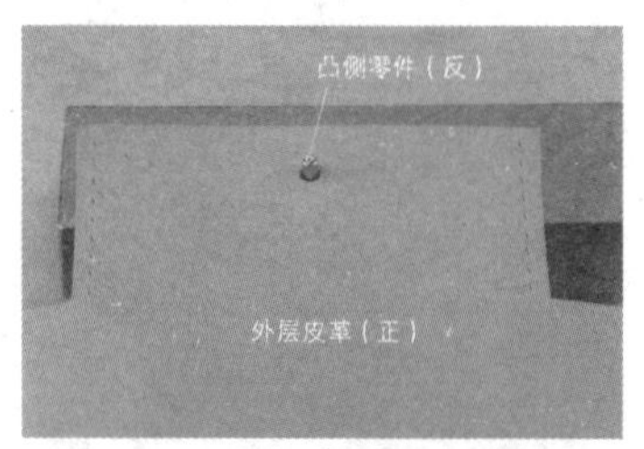

❺ 按步骤①～④的相同要领，固定四合扣的凸侧零件。凸侧零件（反）放于操作台的反面，外层皮革为正面，顶端插入孔中。

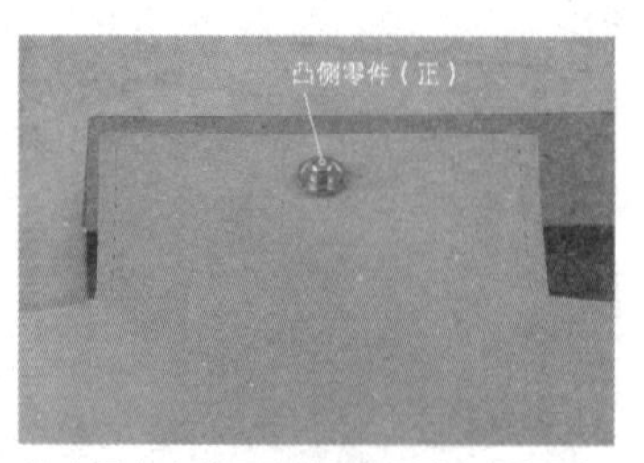

❻ 在露出皮革开孔的凸侧零件(反)顶端，放上凸侧零件（正）。

5

❼ 冲头垂直于凸侧零件（正），用木槌敲打固定。

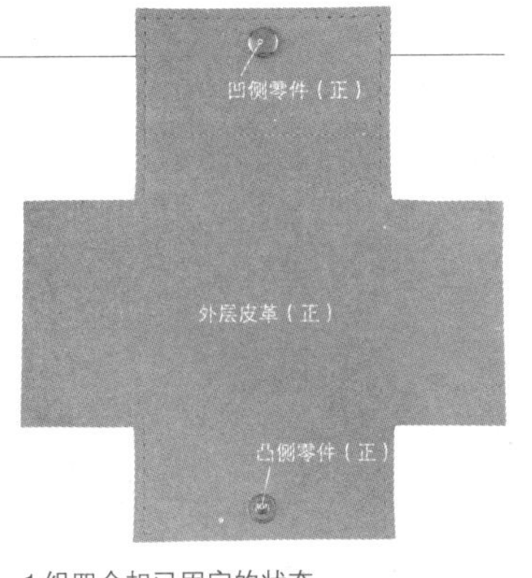

1 组四合扣已固定的状态。

制作方法6 贴合侧边

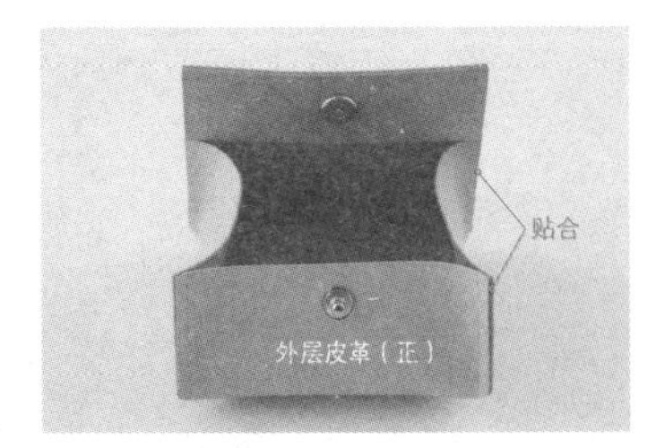

在侧边 4 个位置的反面涂胶水，反面向内贴合相邻的两边。

制作方法7 重新开针孔

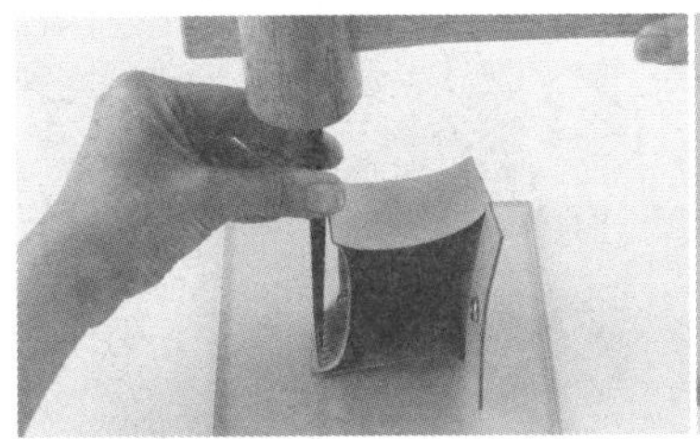

对齐步骤3开的侧边针孔，用菱斩（4mm 间隔）从外层皮革的正面开孔。

制作方法8 缝合侧边

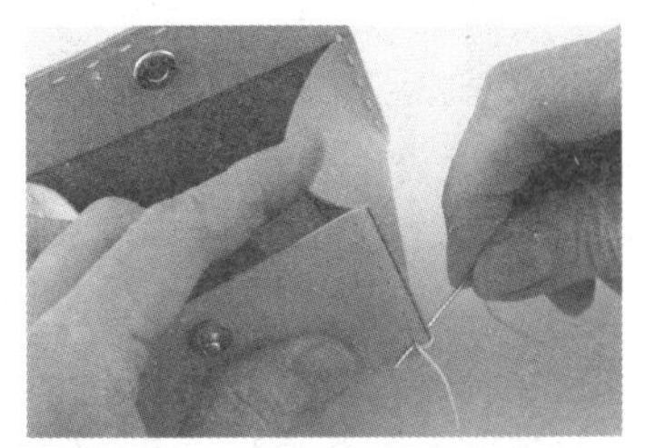

❶ 麻线穿针，并打结。从包底侧边的内侧出针，穿入针孔，缠绕皮革顶端缝合 2 针。

8

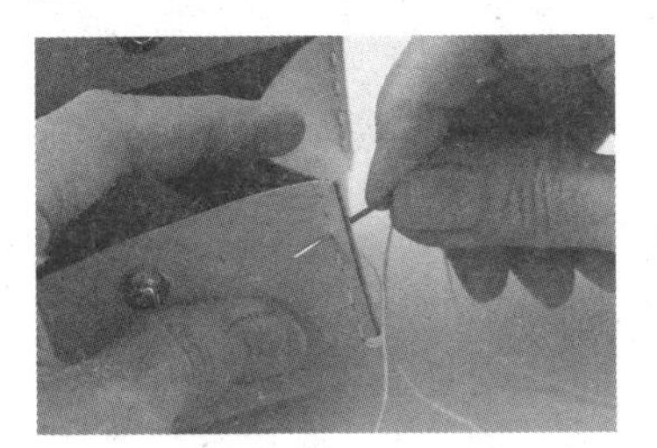

❷ 直线缝合至翻口，缝合末端缠绕皮革顶端缝合 2 针。线头打结并涂胶水，线收紧隐藏于侧边的针脚之后剪断。

▶

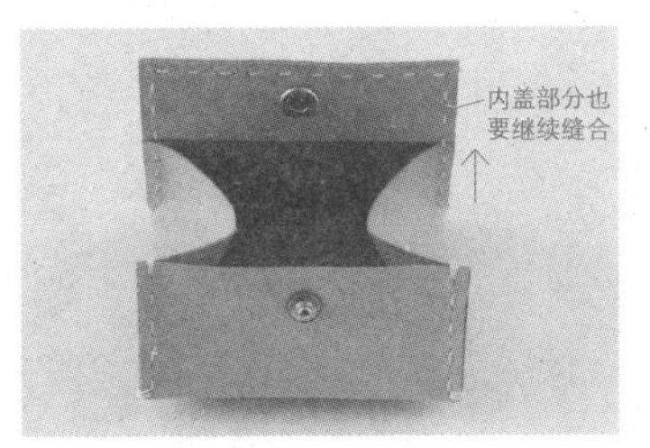

❸ 从包底的侧边至内盖，将内盖的侧边缝合 U 子形。缝合完成后，折叠侧面。

完成

风琴零钱包

（与 15-B 同纸型）

只需折叠外层皮革（已与布料贴合）的侧面，再用气眼固定隔断的简单设计。方便改变设计，外侧布用布料，或者改变颜色及花纹。

P.14

皮革 + 布料 〔成品尺寸：9.5cm × 6cm × 3cm〕

材料

外层皮革・外隔断（厚度 1mm 猪皮）：30cm × 20cm

内页布料・内隔断（隔断・格纹）：30cm × 20cm

双面黏合衬：30cm × 20cm

四合扣：直径 9.8mm × 2 组

极小双面气眼：4 组

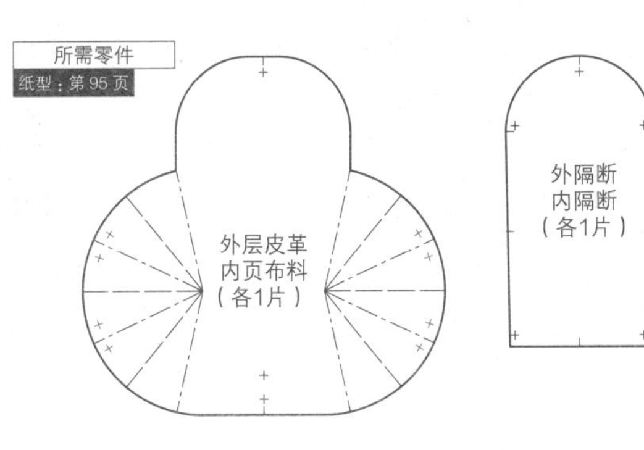

准备

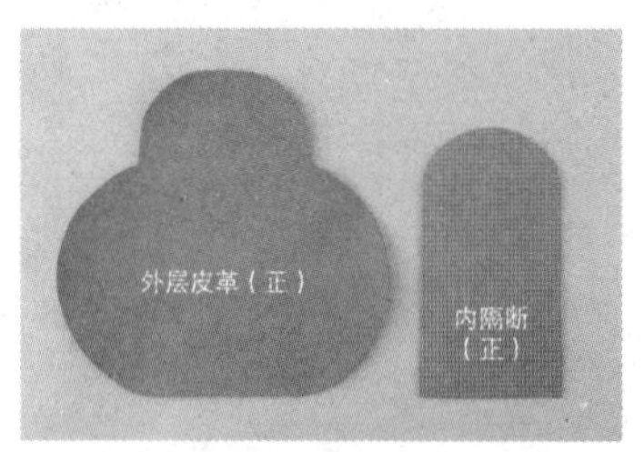

❶ 沿着纸型外侧 0.2 ~ 0.3cm 粗裁双面黏合衬。在内页布、内隔断的反面贴黏合衬，沿着轮廓裁剪。

❷ 剥开步骤①双面黏合衬的剥离纸，贴合内页布和外层皮革、内隔断和外隔断，按纸型裁剪。

制作方法 1 标记

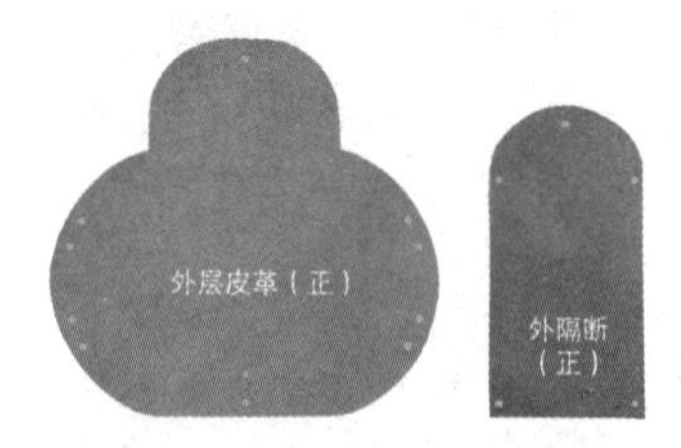

用锥子在四合扣、气眼的固定位置标记。

制作方法 2 固定四合扣

→第 38 页 -4 ~ 5

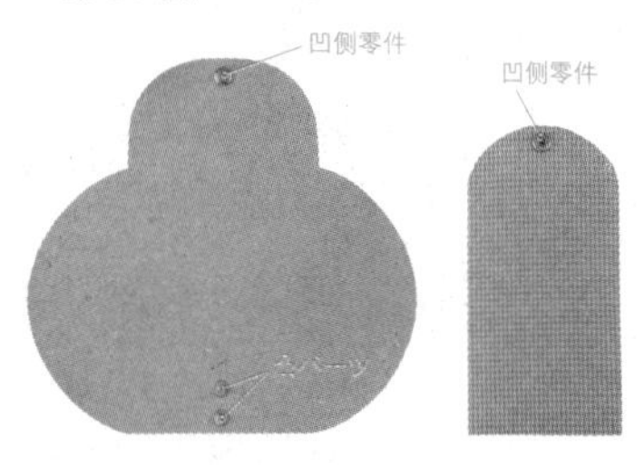

外层皮革和隔断分别固定一组四合扣。

制作方法 3 隔断固定于外层皮革

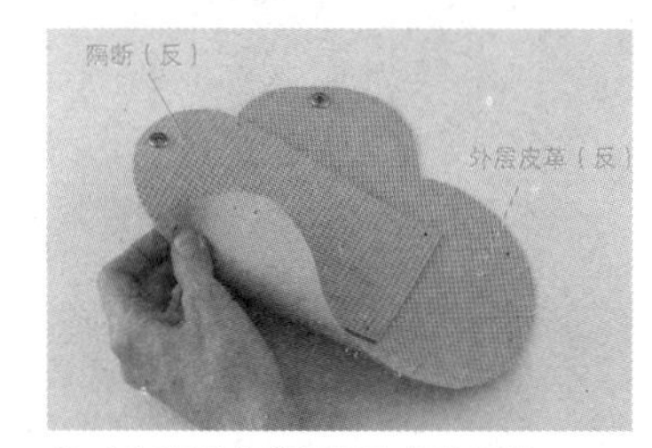

❶ 在气眼固定位置开孔（参照第 p.38-4）。将外层皮革相邻的 2 点反面向内对合，夹住隔断的固定位置。

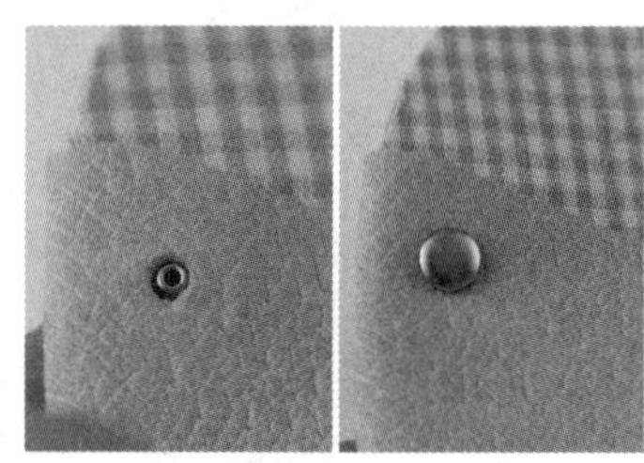

❷ 从外层皮革的背面插入气眼的凸侧零件，放上凹侧零件。

3

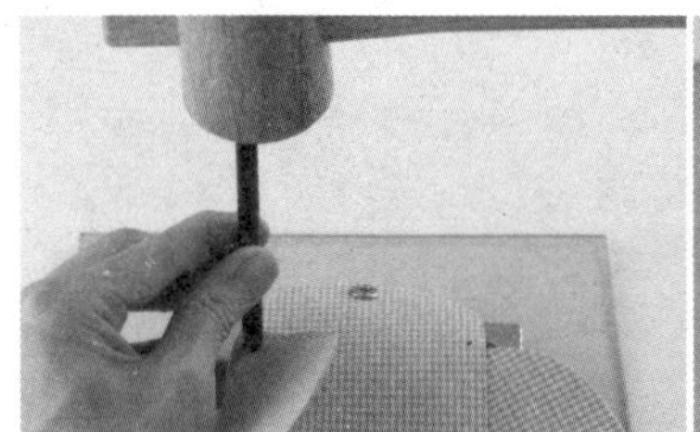

❸ 冲头垂直于凹侧零件，用木槌敲打固定。

气眼已固定的状态。

完成

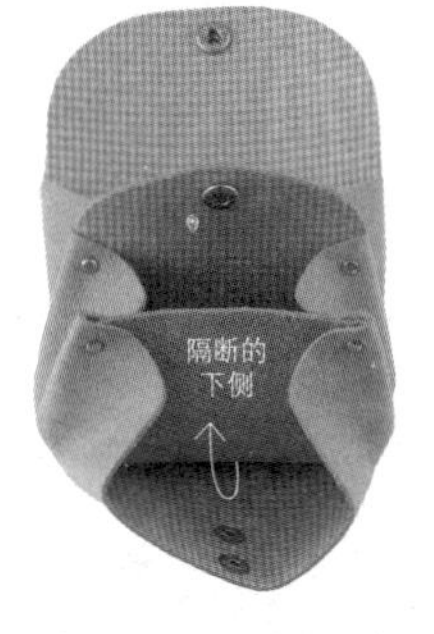

❹ 折弯隔断的下侧，按步骤①~③的要领，夹入外层皮革的前面固定位置，并用气眼固定。

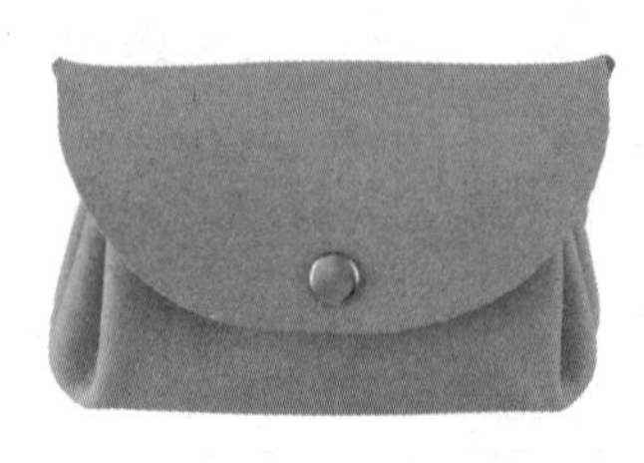

口金长钱包

（与 23–A 同纸型）

除了口金的固定方式，卡袋及拉链等各种巧妙设计也凝聚其中，应用范围广泛。

P.22

布料 + 布料 〔成品尺寸：21cm × 10cm〕

所需零件 纸型：第 92 页，封壳背面

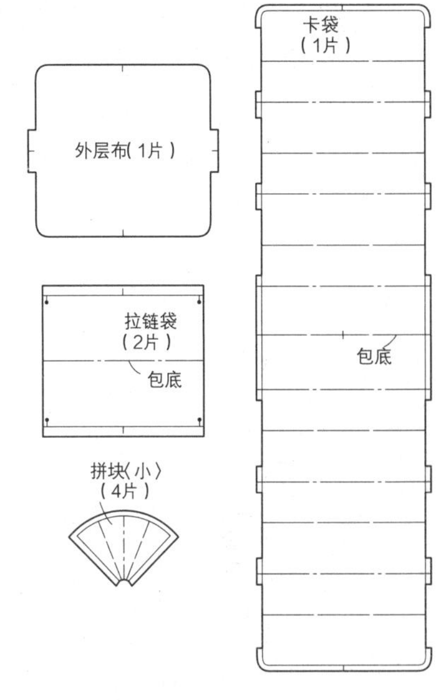

材料

外层布（棉布・8 号帆布）：24cm × 21cm

卡袋・拉链袋・拼块（棉布・床单布）：42cm × 78cm

薄黏合衬（无纺布）：42cm × 78cm

双面黏合衬：20cm × 10cm

铜版纸：22cm × 21cm

拉链：20cm × 1 根

口金：21.5cm × 9.5cm（N）× 1 个（☆）

纸绳：适量

准备

外层布按纸型裁剪，铜版纸比纸型稍大 2mm 裁剪。

卡袋・拉链袋的反面贴黏合衬，拼块（每 2 片）的反面贴双面黏合衬，按纸型裁剪。

制作方法 1 制作卡袋

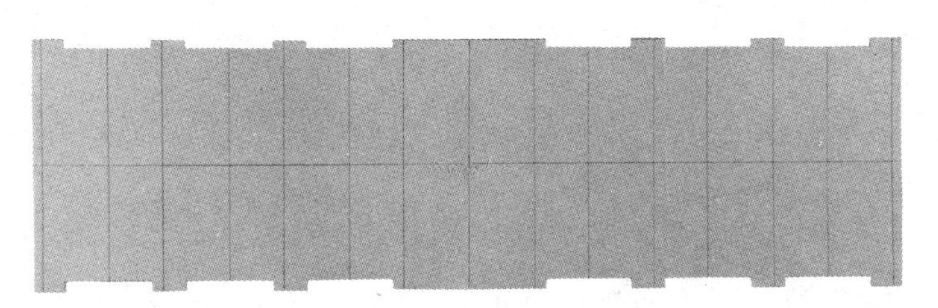

❶ 卡袋的反面已贴黏合衬并裁剪完成的状态。两侧边线条的凹凸是为了减少卡袋折叠时重合缝份的厚度。

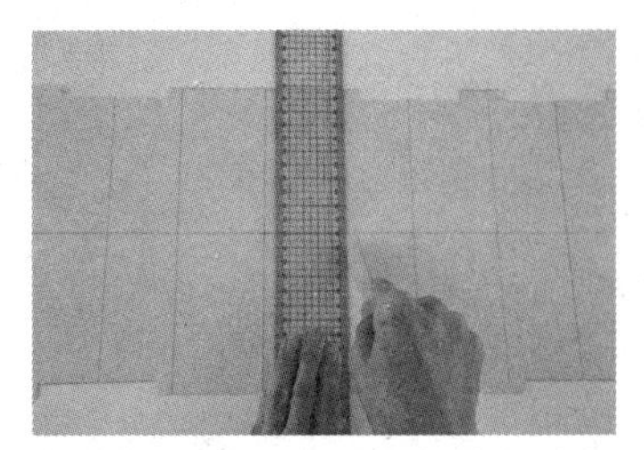

❷ 刻度尺对齐折线，用划粉描线，方便制作折痕。

1

❸ 按折线折叠，并熨烫压实，袋口分别折边车缝。

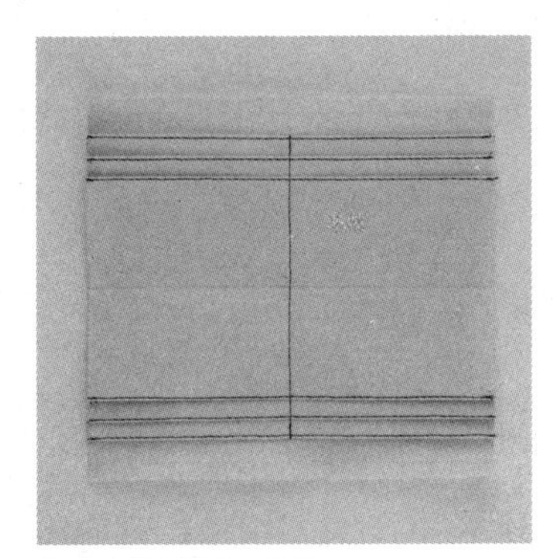

❹ 中央的隔断也要车缝。

制作方法 2

调整拉链的长度，处理端部。

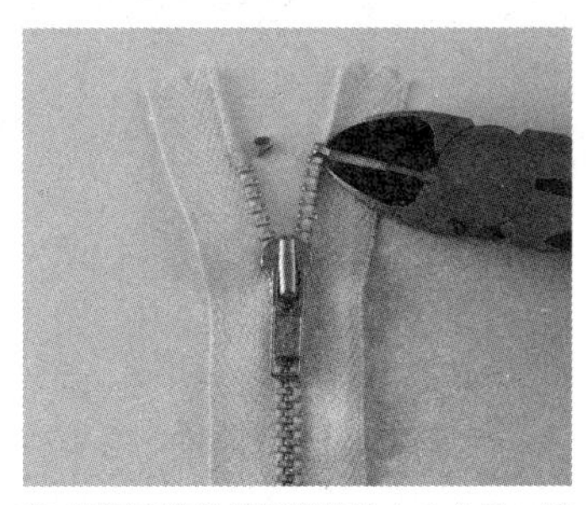

❶ 用镊子前端挑开拉链的上止金具，使其松动脱开。

2

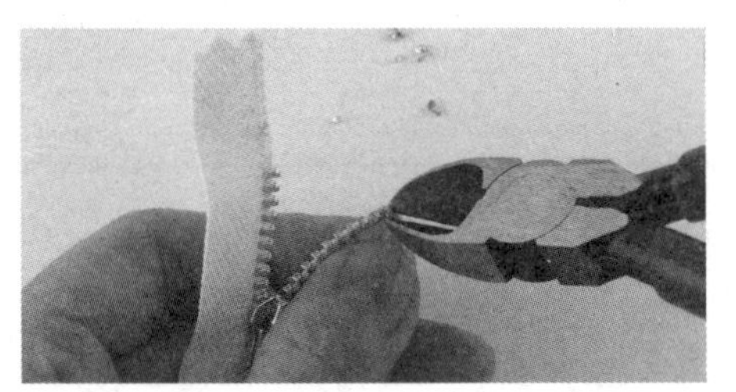

❷ 用镊子剪断拆下链齿，至所需成品长度（此处为18cm）。折弯拉链布带使链齿撑开，为了方便操作，最后压住链齿的边缘。剪断时链齿会飞出，注意用手挡住。

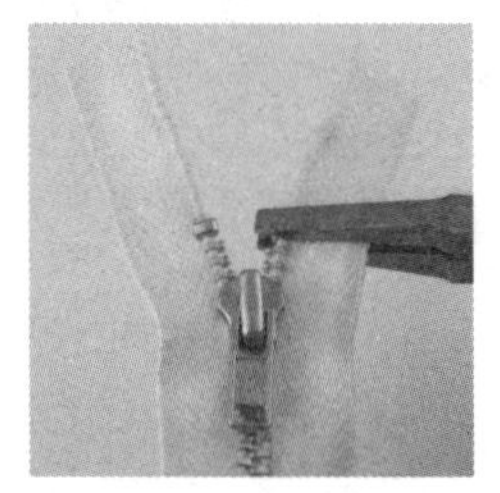

❸ 重新嵌入上止金具，用平头钳压住固定。

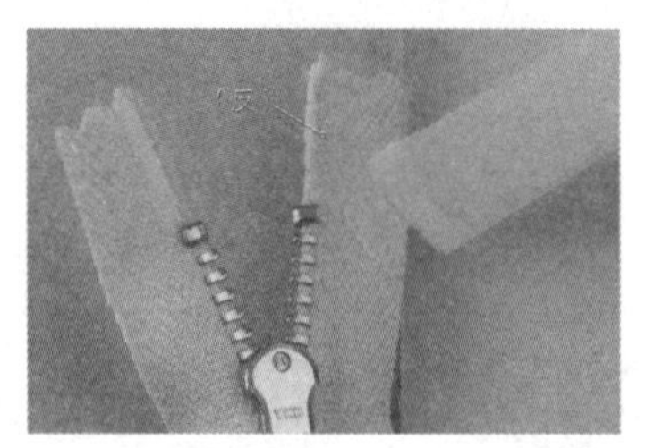

❹ 拉链布带的端部留下 1.5cm，用裁布剪剪开。拉链翻到反面，在上止金具侧边的布带涂胶水（呈直角等边三角形涂布）。

2

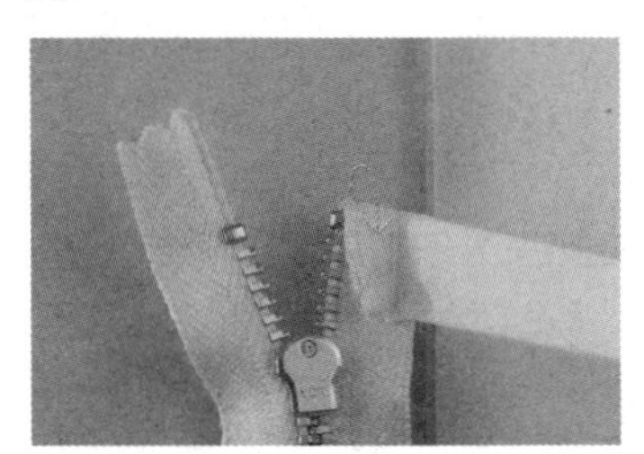

❺ 从上止金具的边缘开始，将拉链布带的端部折成直角，整面呈四方形涂胶水。

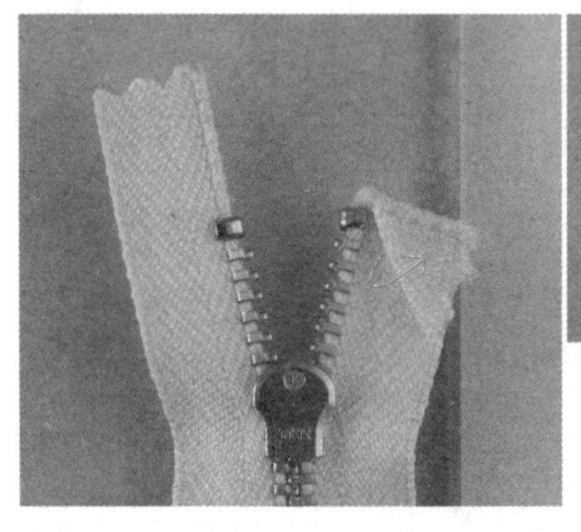

❻ 倾斜折入链齿的边角，用夹子压住至胶水干固。

2

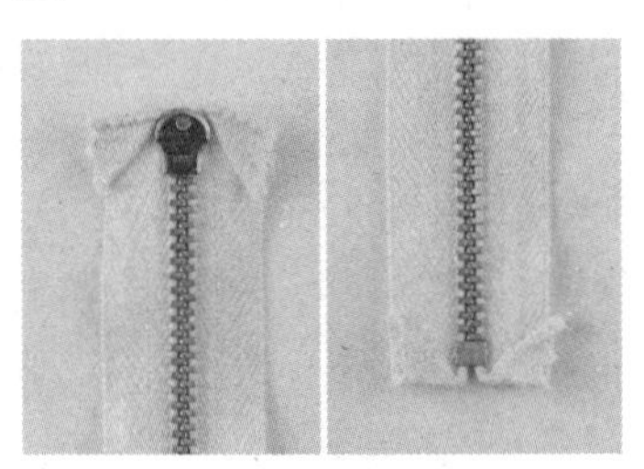

❼ 剩余 3 个位置按步骤④～⑥的要领处理。

制作方法3 拉链固定于拉链袋

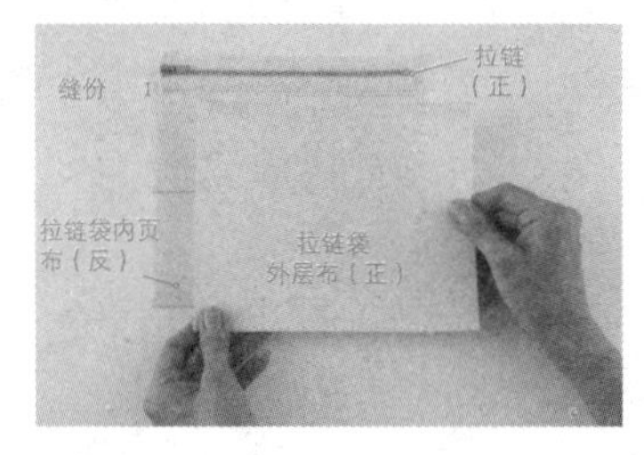

❶ 拉链袋内页布的缝份折入反面，用胶水（或双面胶带、扦边线）将拉链布带预固定于另一侧缝份侧。

❷ 反面对合拉链袋的外层布，同样预固定拉链布带。

3

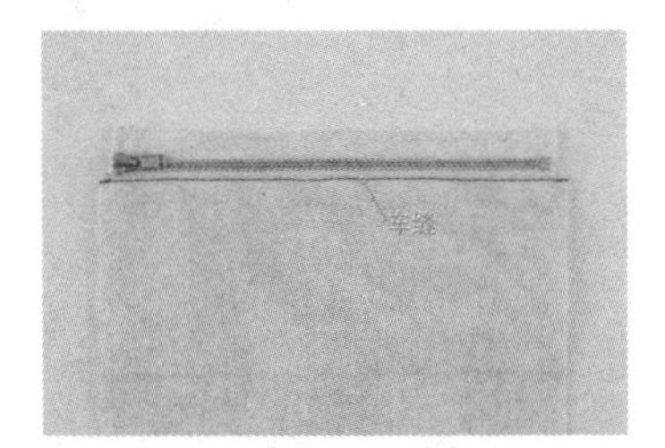

❸ 车缝压块替换为拉链专用压块，车缝拉链袋的袋口。

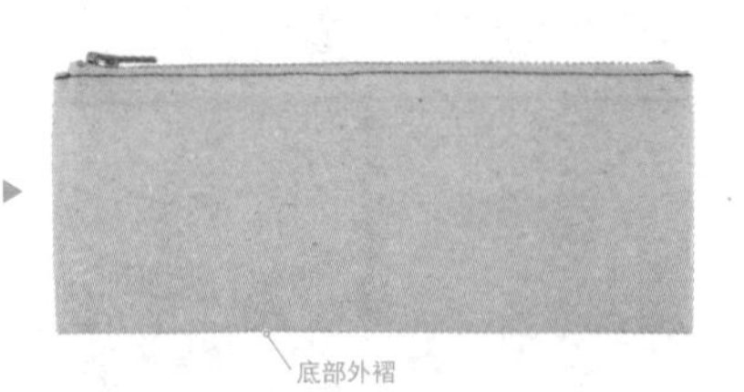

❹ 对折拉链袋，按步骤①～③的要领固定拉链布带的另一侧。

制作方法4 拉链固定于卡袋

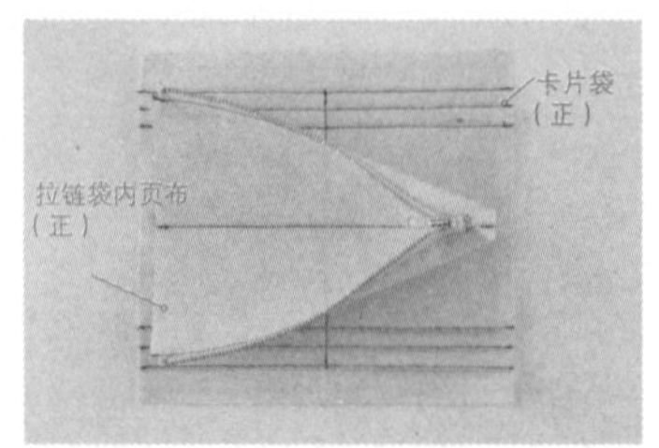

打开拉链袋的拉链。对齐重合卡袋和拉链袋的底部，车缝底部。

制作方法5 制作拼块

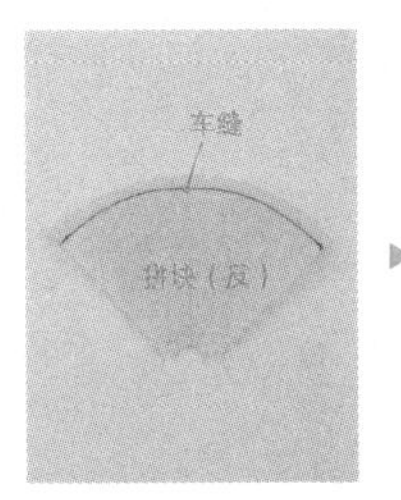

❶ 正面对合两片（其中一片贴着双面黏合衬），缝合弧线部分。

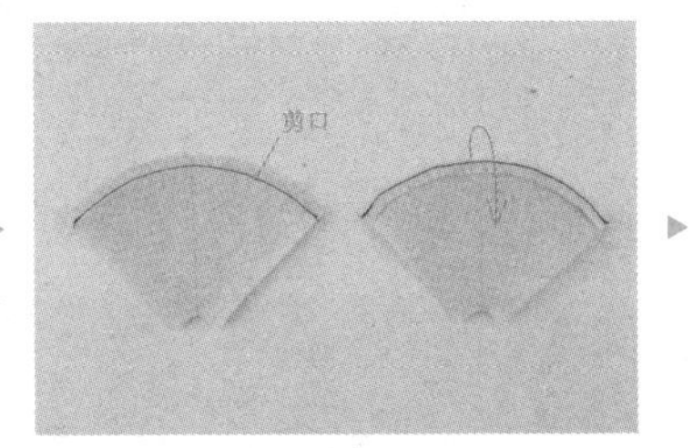

❷ 弧线部分的缝份加剪口后压倒，熨烫轻轻压实。因为贴着双面黏合衬，只需压住缝份。

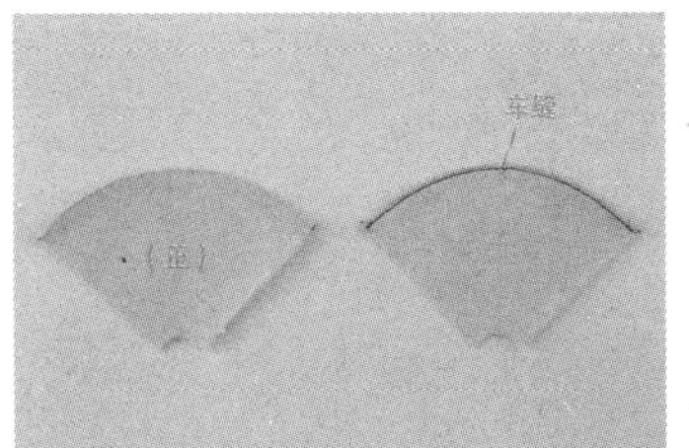

❸ 翻到正面，熨烫压实后贴合，弧线部分折边车缝。

❹ 按纸型的折线标记折入，熨烫压实，以此方法制作另一个拼块。

制作方法6 拼块固定于拉链袋

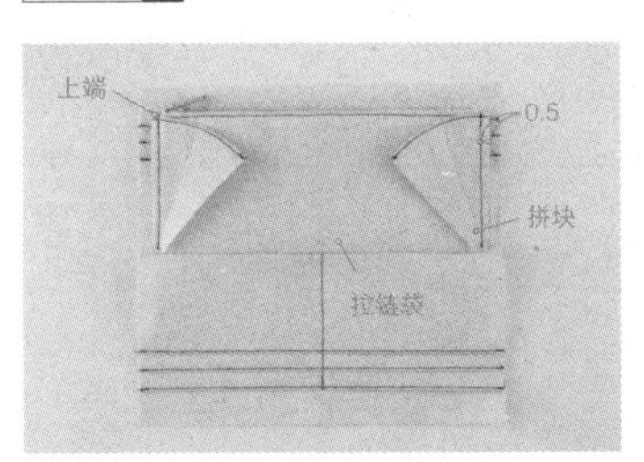

用拼块夹住拉链袋的两侧边。对齐上端，用胶水预固定，按0.5cm左右宽度缝合。

制作方法7 拼块固定于卡袋

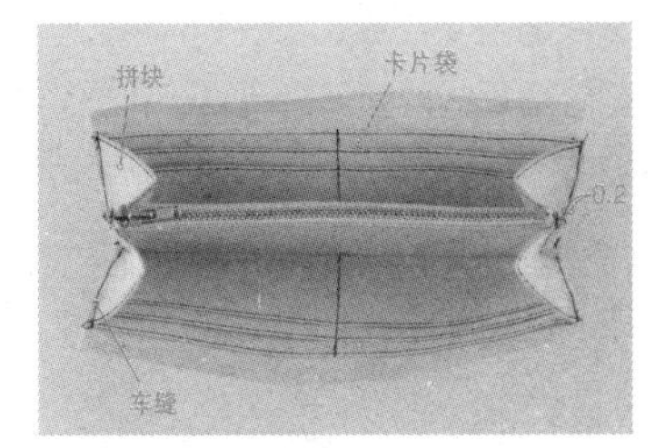

重合卡袋的侧边和拼块的侧边，对齐布边车缝。缝合宽度0.2cm左右，可隐藏口金，且4处均缝合。

制作方法8 铜版纸贴合于外层布

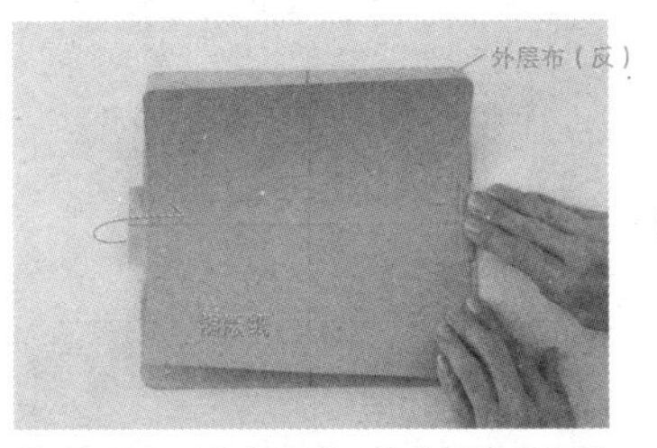

❶ 按0.5cm左右宽度，在外层布反面的四周涂胶水，对齐重合外层布和铜版纸的底部。折入外层布的折份，包住铜版纸用胶水贴合。

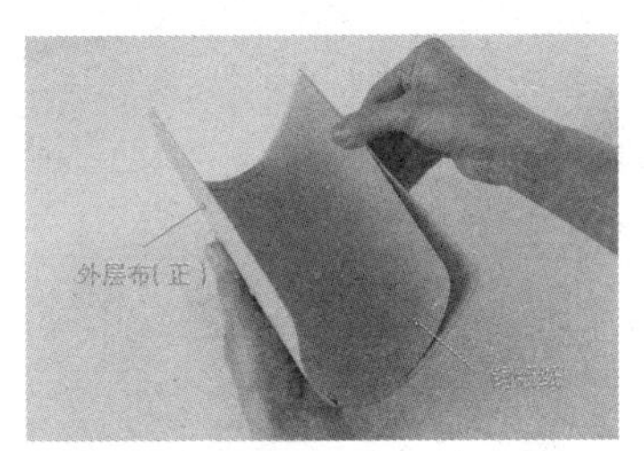

❷ 底部制作折痕，同时对齐贴合外层布和铜版纸的袋口位置。

制作方法9 贴合外层布和卡袋

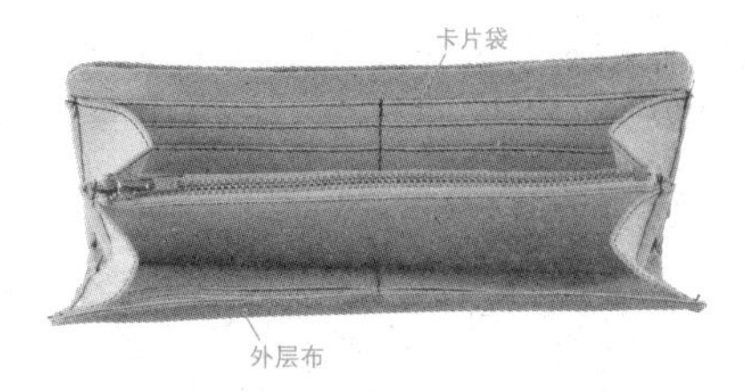

按0.5cm左右宽度，在外层布反面的四周涂胶水，反面对合卡袋，压紧贴合底部。袋口侧端部露出外层布时，将露出部分剪掉。

制作方法10 准备纸绳，嵌入口金

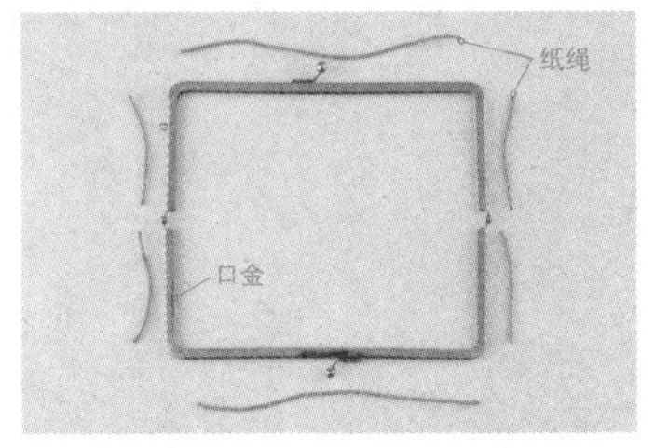

❶ 将纸绳剪开，口金的长边部分2根，短边部分4根。

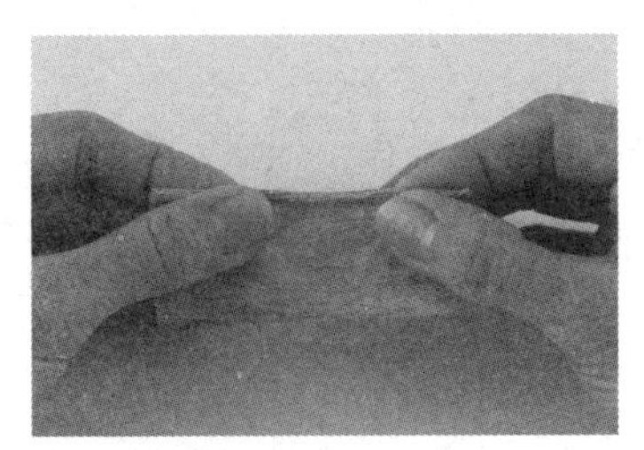

❷ 松开纸绳的捻合状态，并重新捻合。这样处理之后，能够平整稳定嵌入口金。

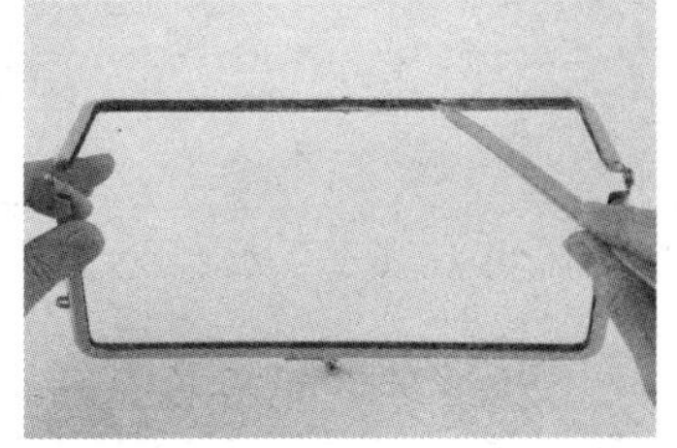

❸ 口金的槽中途胶水。黏合于内页布的面、边角等均匀涂布。

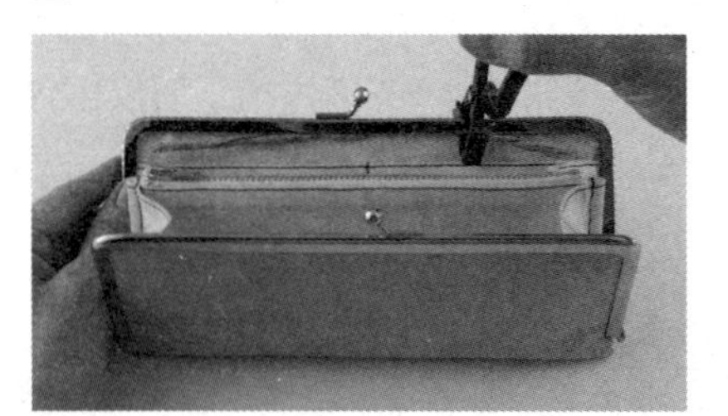

❹ 嵌入口金。侧边中心对齐口金的铆钉，保持折痕，同时与侧边、袋口一同嵌入。用钳子压入纸绳，不要压入太深。

完成

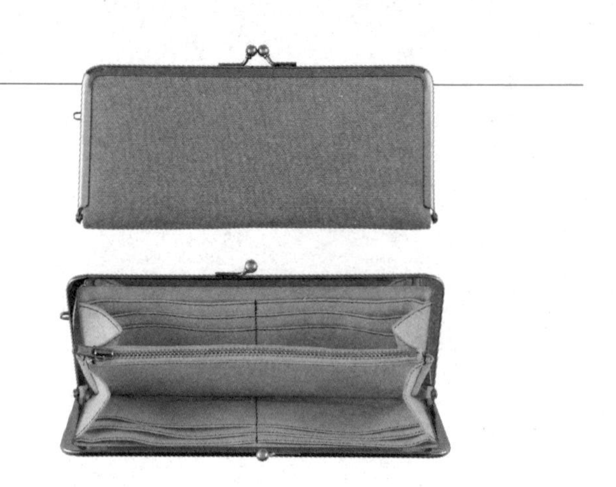

对折钱包

（附带盒褶零钱包 与 26-D 同纸型）

重合布料后回针缝的对折钱包。翻口及边角仔细制作，轻松即可完成。零钱包连接于外层布时仅缭缝三边，还能空出一个口袋。

P.28

布料 + 布料 〔成品尺寸：10cm × 10cm〕

所需零件 纸型：第 89 页、封面背面

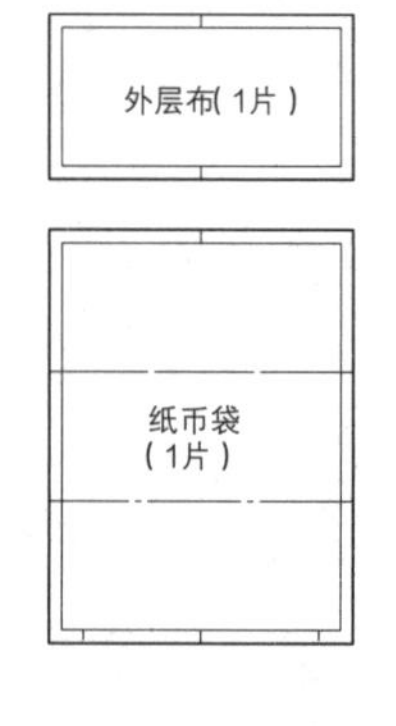

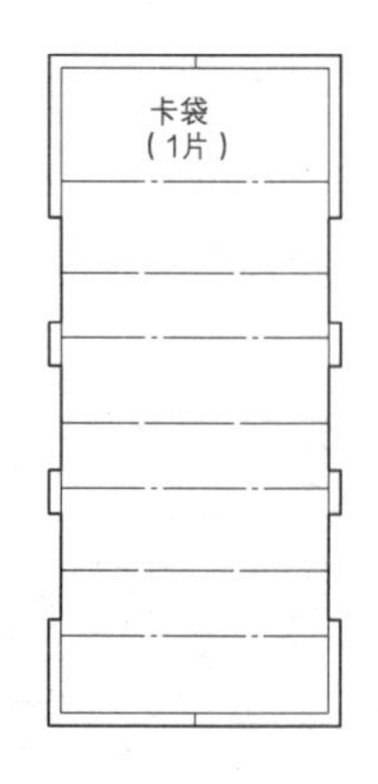

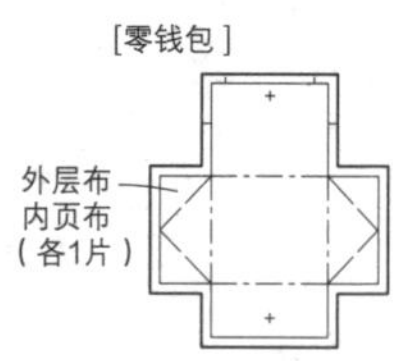

材料

外层布・零钱包外层布（棉布・11 号帆布）：23cm × 31cm

卡袋・纸币袋・

零钱包内页布（棉布・床单布）：44cm × 61cm

薄黏合衬（无纺布）：44cm × 65cm

皮具合扣：宽 18mm × 1 组

准备

外层布・卡袋・纸币袋・零钱包外层布・零钱包内页布的内侧贴黏合衬，按纸型裁剪。

制作方法 1 制作卡袋

→参照第 41 页－1

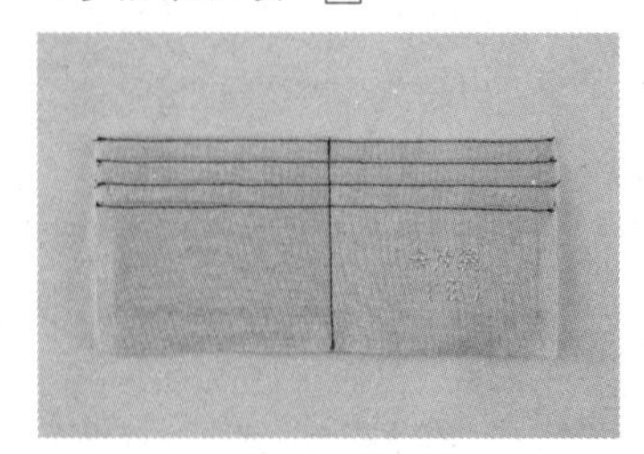

按折线的标记折叠，袋口分别折边车缝。隔断也同样缝合。

制作方法 2 制作纸币袋

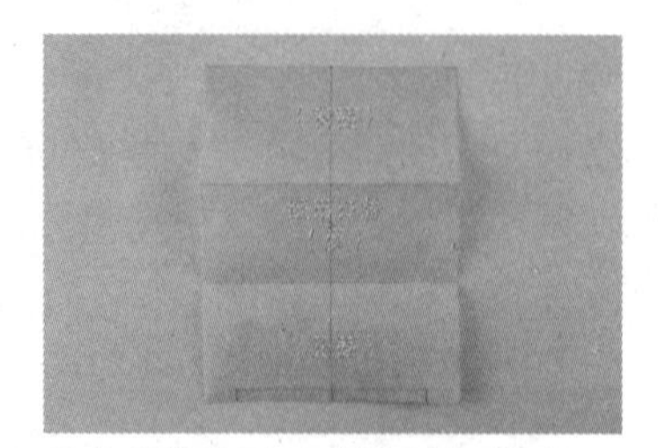

❶ 卡袋的反面加上折线和袋口的标记。刻度尺对齐折线，用划粉描线。

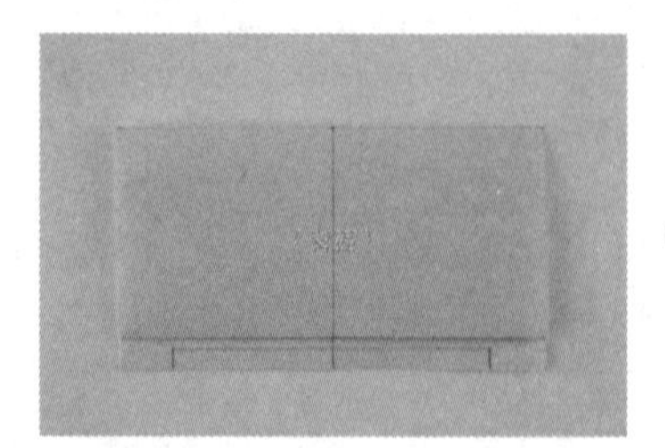

❷ 按折线折叠，熨烫压实。

2

❸ 袋口两侧边的缝份侧加剪口，折入背面。

❹ 袋口折边车缝。

制作方法 3 缝合口袋和外层布

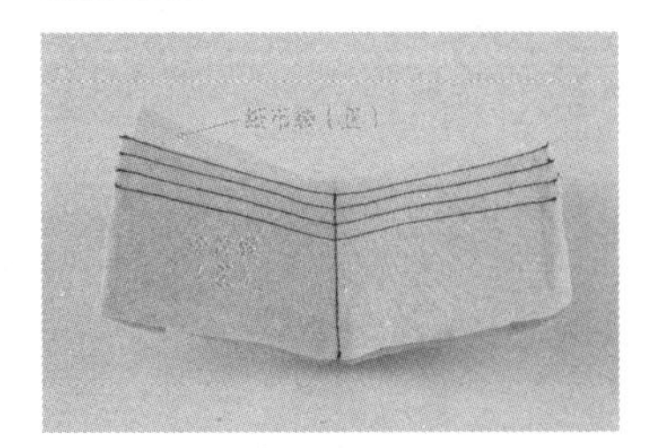

❶ 卡袋重合于纸币袋，对齐中央轻轻对折，同时用胶水贴合两侧边。通过内外层的高度差，使卡片袋稍稍露出。

3

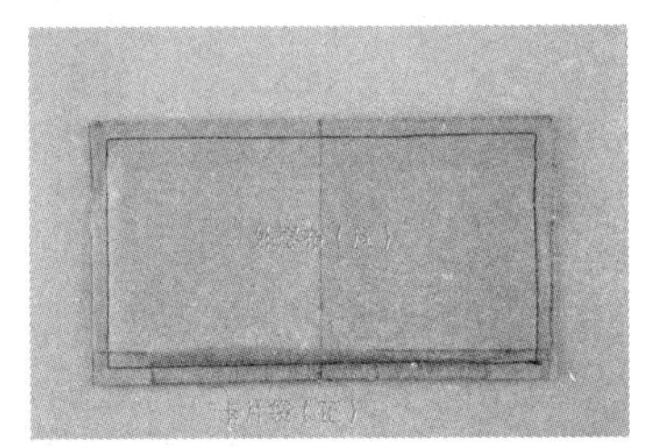

❷ 正面对合步骤①成品和外层布，避开不缝袋口，沿着四周车缝一周。

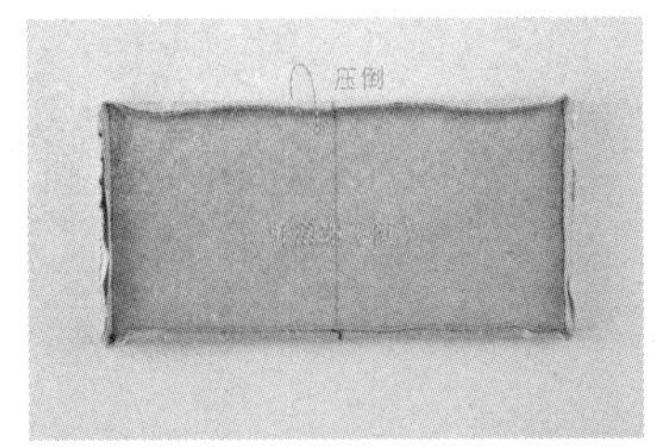

❸ 边角的缝份留下 0.2cm 左右，剩余剪掉（→参照第 36 页）。缝份压向外层布侧，熨烫压实。

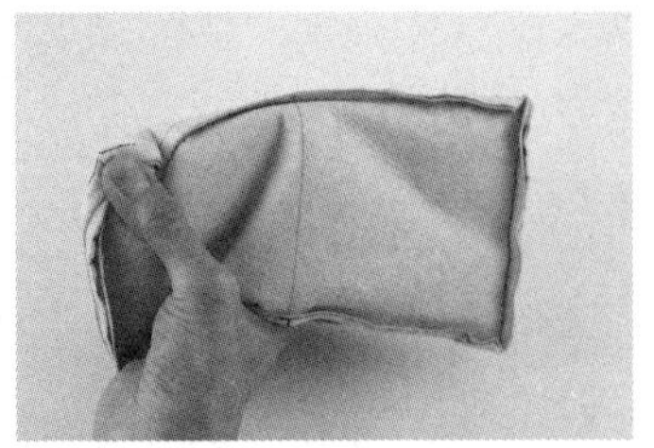

❹ 手送入袋口，折叠压住缝份的边角，同时翻到正面。

3

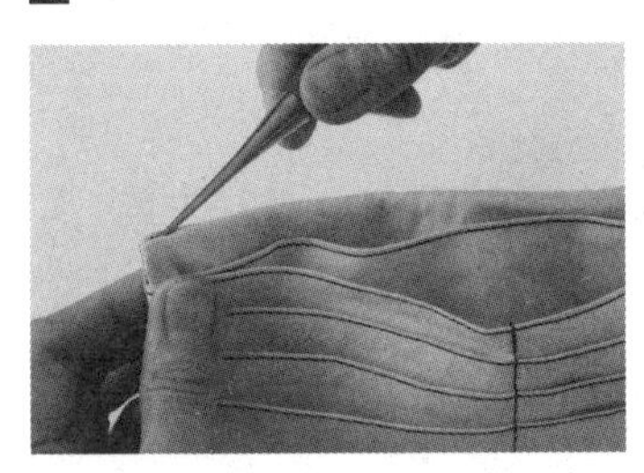

❺ 用锥子深戳边角，抵住进入内侧的缝份，翻出边角。接着，熨烫调整整体的形状。

制作方法 4 制作零钱包

按第 46 页 -B 的相同要领制作零钱包，并固定皮具合扣。按第 38 页 -5 的相同要领，固定凹侧零件。凸侧零件嵌入包盖的边缘，用票夹钳紧固。

制作方法 5 零钱包固定于外层布

在外层布的正面，将零钱包重合于对折后的其中一面，两侧边和包底扦边缝。

完成

1 盒褶零钱包 P.5

尺寸相同，但分为两种款式，一张皮革成形，或者另外加上拼块。
较厚或较硬的材料时，适合加拼块。

A 皮革〔成品尺寸：8cm×7cm〕

材料

外层皮革・贴边（厚度 1.2mm 牛皮）：16cm×20cm
四合扣：直径 8.8mm×1 组
麻线：适量

制作方法 →参照第 37 页

A 所需零件

纸型：第 89 页

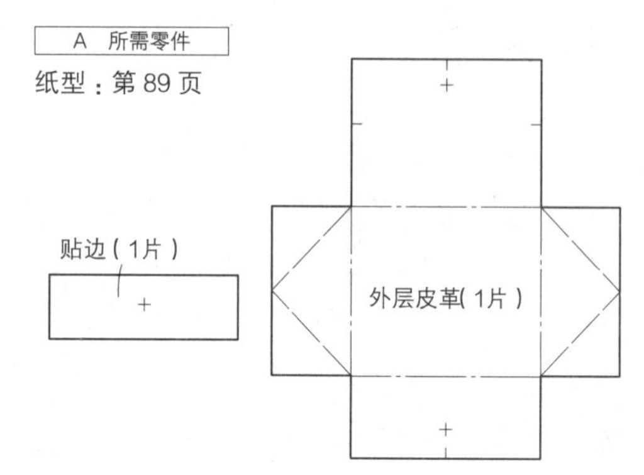

B 布料＋布料〔成品尺寸：8cm×7cm〕

材料

外层布料（棉布・印染）：18cm×19cm
内页布料（棉布・印染）：18cm×19cm
薄黏合衬（无纺布）：35cm×19cm
皮具合扣：宽 18mm×1 组

准备 外层布料、内页布料的反面贴黏合衬，按纸型裁剪。

B 所需零件

纸型：P.89

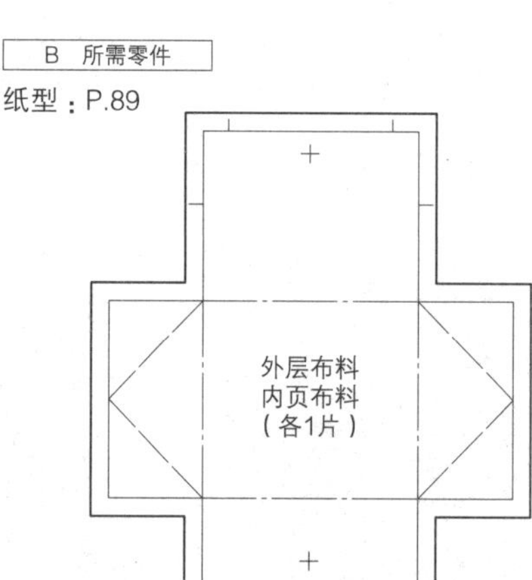

制作方法

1. 正面对合外层布料的侧边，车缝。内页布料同样制作。
2. 正面对合外层布料和内页布料，留下翻口，车缝四周。
3. 翻到正面，订缝袋口。
4. 固定皮具合扣。
（→参照第 38 页－5、
第 45 页－4）。

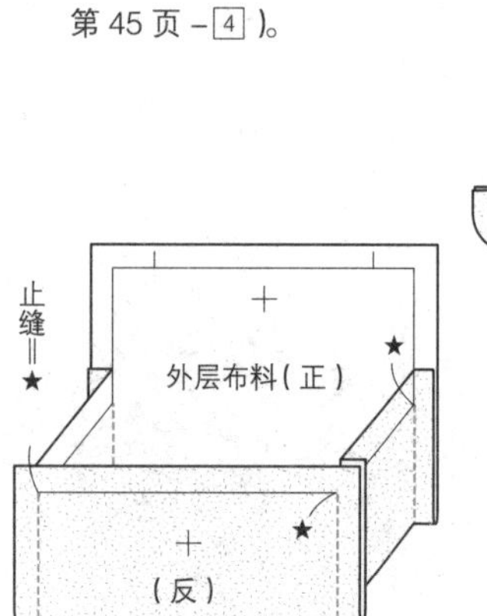

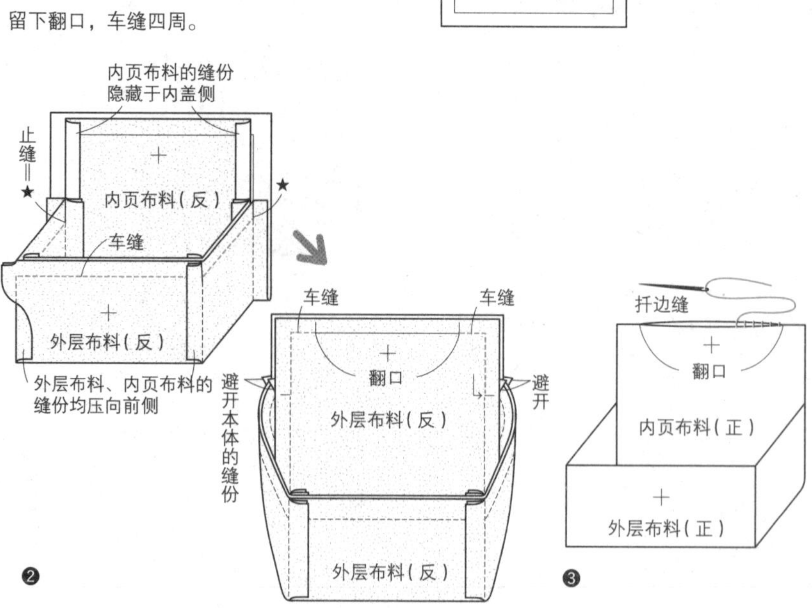

C　皮革〔成品尺寸：8cm×7cm〕

材料

外层皮革・贴边・侧面（厚度 1.3mm 牛皮・穿孔）：13cm×20cm

四合扣：直径 8.8mm×1 组

麻线：适量

准备

粗裁外层皮革，用胶水将贴边粘贴于内盖反面，按纸型裁剪。

制作方法

❶ 反面对合外层皮革和侧面，用胶水粘贴侧边和底部。

❷ 利用穿孔，用麻线手缝侧边和底部（→参照 D・E-③）。

❸ 固定四合扣（→参照第 38 页 -5）。

D　皮革＋布料〔成品尺寸：8cm×7cm〕

材料

外层皮革・外贴边・外侧面（厚度 0.8mm 羊皮）：13cm×20cm

内页布料・内贴边・内侧面（棉布・印染）：13cm×20cm

双面黏合衬：13cm×20cm

四合扣：直径 12.5mm×1 组

E　布料＋布料〔成品尺寸：8cm×7cm〕

材料

外层布料・外贴边・外侧面（棉布・11 号帆布）：13cm×20cm

内页布料・内贴边・内侧面（棉布・印染）：13cm×20cm

双面黏合衬：13cm×20cm

四合扣：直径 12.5mm×1 组

准备 ※D、E

用双面黏合衬贴合外层皮革（外层布料）和内页布料、外贴边和内贴边、外侧面和内侧面，按纸型裁剪。

E 的布边涂布皮边油。

制作方法 ※D、E

❶ 外层皮革（外层布料）的包口、贴边的下端、侧面的上端折边车缝。

❷ 用胶水将贴边粘贴于外层皮革（外层布料）的内盖反面。

❸ 反面对合外层皮革（外层布料）和侧面，用胶水粘贴侧边和底部，连续缝合至内盖。

❹ 固定四合扣（→参照第 38 页 -5）。

〈制作成包扣时：用直径 20mm 的冲头切出（或剪成圆形）的内页布料的反面涂布胶水，放上四合扣凹侧的头，细密缩褶。>

C・D・E 所需零件

纸型：第 89 页

C：外层皮革
D：外层皮革
内页布料
E：外层布料
内页布料
（各1片）

C：侧面
D・E：外贴边　内贴边
（各1片）

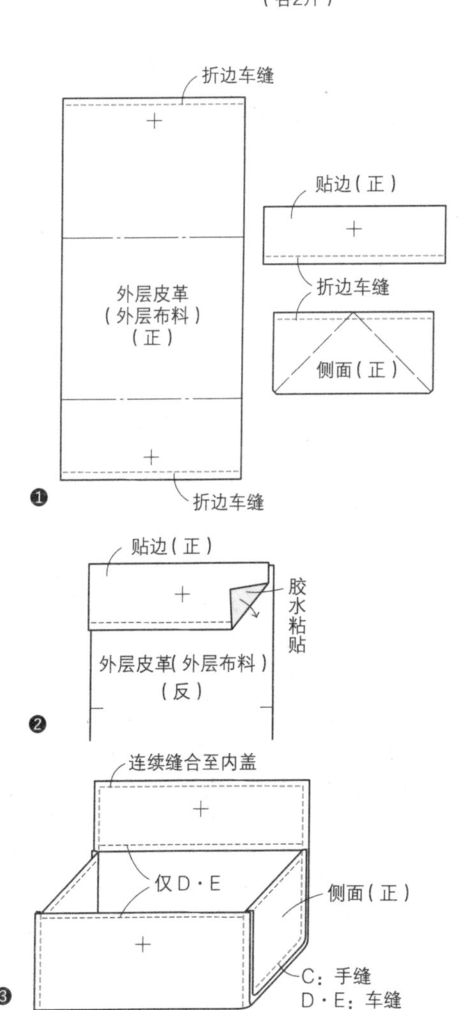

2 展开式零钱包 P.6

整齐成形的关键是内褶、外褶制作完成之后熟练使用熨斗及金属锤，形成曲线折痕。

A 皮革〔成品尺寸：9cm×6cm〕

A·B
所需零件

纸型：第 89 页

A：外层皮革
B：外层皮革
内页布料
（各1片）

材料

外层皮革（厚度 1.2mm 牛皮）：15cm×18cm

四合扣：直径 8.8mm×1 组

B 皮革＋布料〔成品尺寸：9cm×6cm〕

材料

外层皮革（厚度 0.9mm 牛皮）：15cm×18cm

内页布料（棉布·印染）：15cm×18cm

双面黏合衬：15cm×18cm

四合扣：直径 8.8mm×1 组

准备 ※A·B

A 直接用外层皮革按纸型裁剪。B 用双面黏合衬贴合外层皮革和内页布料，并按纸型裁剪。

外层皮革
（反）
（正）
❶

制作方法 ※A·B

❶ 按纸型折叠，用金属锤敲出折痕。

❷ 固定四合扣（→参照第 38 页 -5）。

C 布料＋布料〔成品尺寸：9cm×6cm〕

C 所需零件

纸型：第 89 页

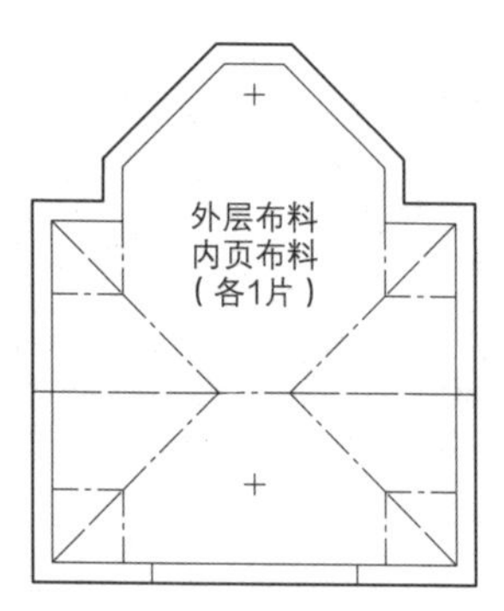

材料

外层布料（棉布·印染）：16cm×19cm

内页布料（棉布·印染）：16cm×19cm

双面黏合衬：15cm×18cm

四合扣：直径 8.8mm×1 组

准备 在内页布料的反面贴双面黏合衬。

制作方法

❶ 正面对合外层布料和内页布料，留下翻口，缝合四周。

❷ 翻到正面，调整形状，熨烫贴合外层布料和内页布料。
四周折边车缝，翻口也要订缝。

❸ 按纸型折叠，熨烫压实，制作折痕（→参照 B-①）。

❹ 固定四合扣（→参照第 38 页 -5）。

〈制作成包扣时：用直径 20mm 的冲头切出（或剪成圆形）的内页布料的反面涂布胶水，放上四合扣凹侧的头，细密缩褶。〉

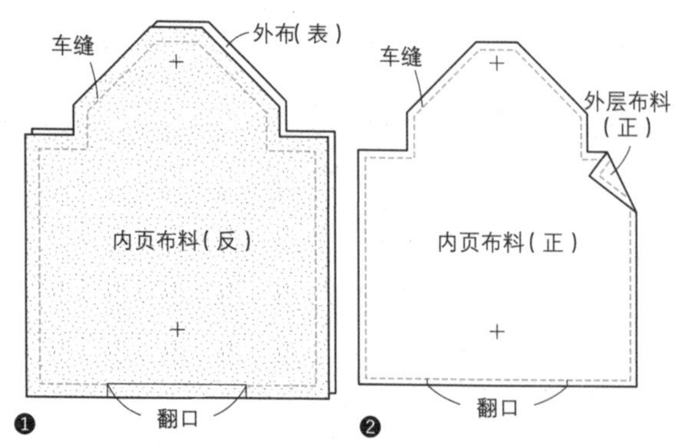

3 光面零钱包 P.6

展开之后是一个整体，只需用一组合扣固定。
弧线多，皮革需要特别仔细裁剪。

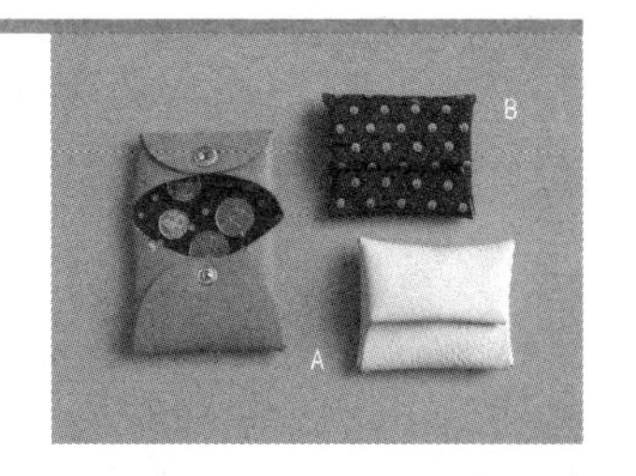

A 皮革＋布料〔成品尺寸：8cm×6.5cm〕

材料

外层皮革（厚度1.2mm牛皮）：19cm×20cm
内页布料（棉布·印染）：19cm×20cm
双面黏合衬：19cm×20cm
四合扣：直径12.5mm×1组

准备

用双面黏合衬贴合外层皮革和内页布料，按纸型裁剪。

制作方法

折入两侧面和上下端，固定四合扣（→参照第38页－5）。

所需零件

纸型：后贴边②

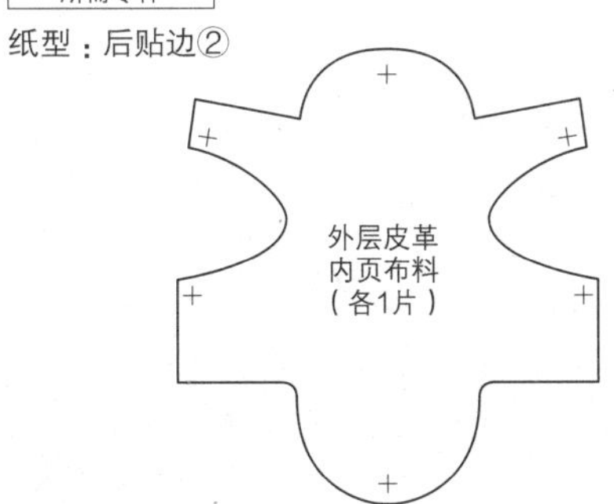

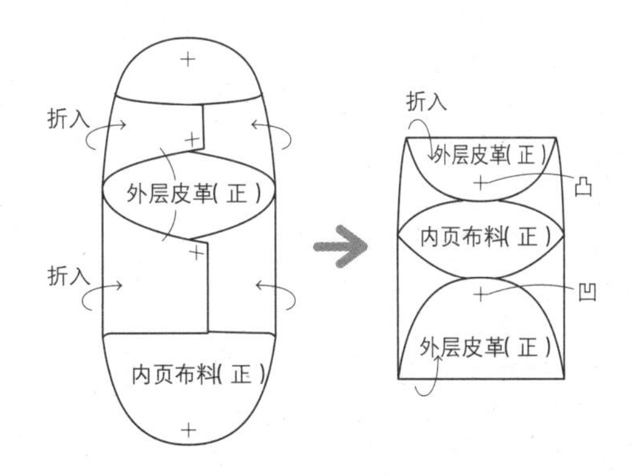

B 布料＋布料〔成品尺寸：8cm×6.5cm〕

材料

外层布料（棉布·印染）：20cm×21cm
内页布料（软牛仔布）：20cm×21cm
薄黏合衬（无纺布）：20cm×21cm
四合扣：直径12.5mm×1组

准备

在外层布料的反面贴黏合衬，按纸型裁剪。

制作方法

❶ 正面对合外层布料和内页布料，留下翻口，缝合四周。翻到正面，熨烫整齐，订缝翻口。
❷ 折入两侧边和上下端（→A），固定四合扣（→参照第38页－5）。

所需零件

纸型：后贴边②

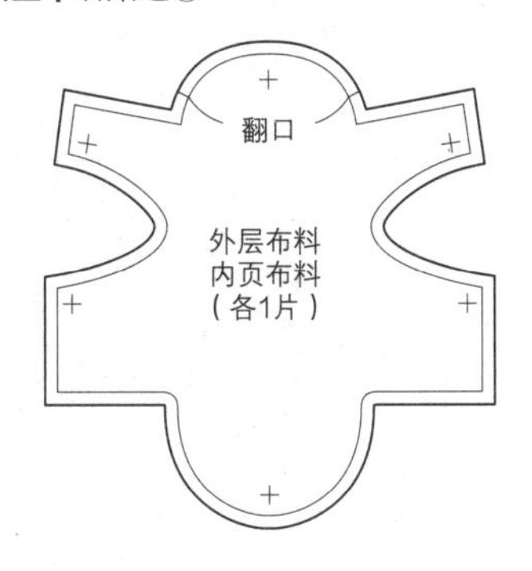

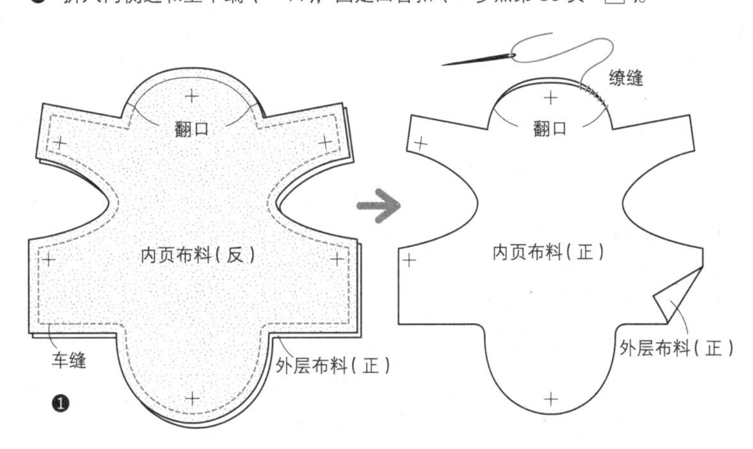

4 三角形零钱包 P.7

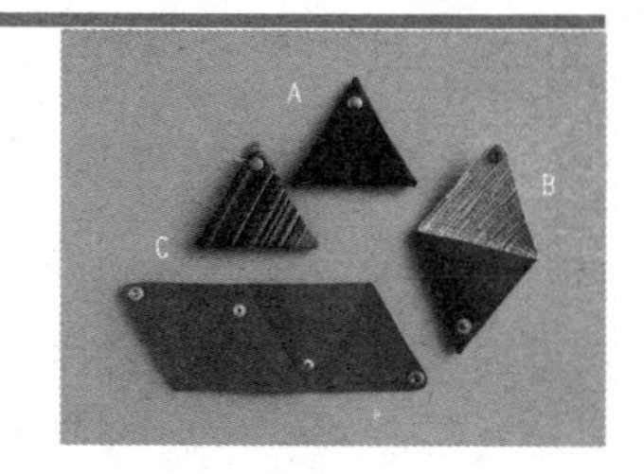

根据材料的厚度，微调四合扣的位置。先固定凸侧合扣，边折叠边压住痕迹，确定凹侧合扣的位置。

A 皮革〔成品尺寸：8cm×8cm〕

材料

外层皮革（厚度1mm牛皮）：8cm×21cm

四合扣：直径9.8mm×1组

A·B 所需零件

纸型：第94页

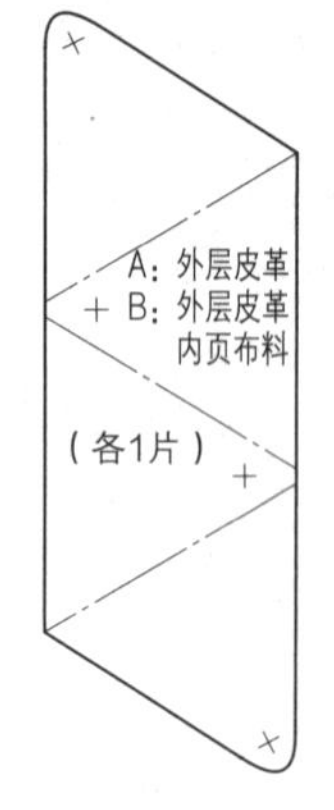

B 皮革＋布料〔成品尺寸：8cm×8cm〕

材料

外层皮革（厚度1.1mm牛皮）：8cm×21cm

内页布料（棉布·印染）：8cm×21cm

双面黏合衬：8cm×21cm

四合扣：直径9.8mm×2组

准备 ※A、B

直接用外层皮革按纸型裁剪。

B用双面黏合衬贴合外层皮革和内页布料，并按纸型裁剪。

制作方法 ※A、B

固定四合扣（→参照第38页－5），按纸型折叠。

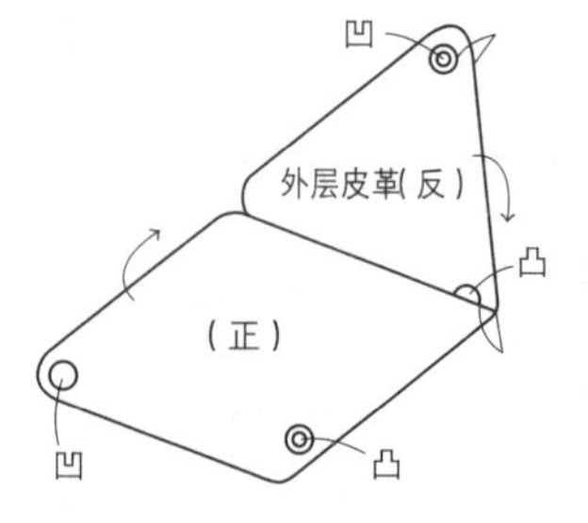

 C 布料＋布料〔成品尺寸：8cm×8cm〕

C 所需零件

纸型：第94页

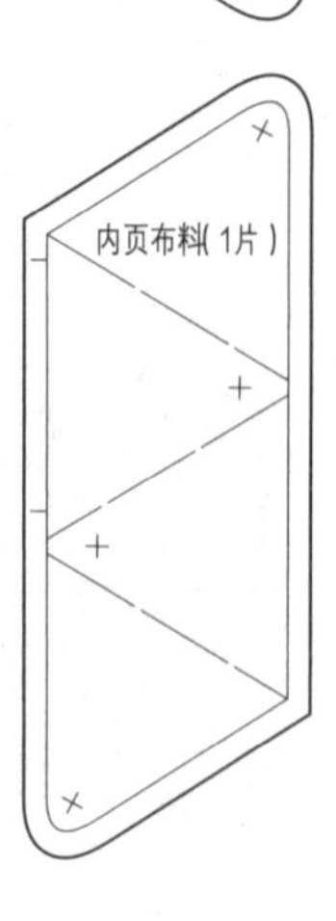

材料

外层布料（棉布·印染）：9cm×22cm

内页布料（棉布·床单布）：9cm×22cm

双面黏合衬：8cm×21cm

四合扣：直径9.8mm×2组

准备

对称裁剪外层布料和内页布料，

在内页布料的反面贴双面黏合衬。

制作方法

❶ 正面对合外层布料和内页布料，留下翻口，缝合四周。

❷ 翻到正面，调整形状，熨烫贴合外层布料和内页布料。

❸ 缭缝翻口，固定四合扣（→参照第38页－5），按纸型裁剪。

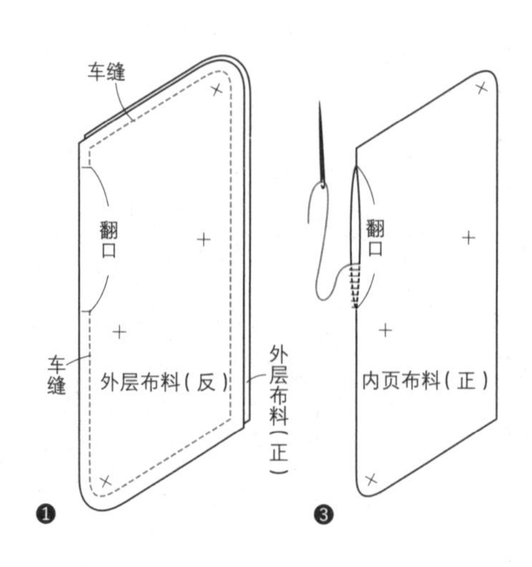

5 方形零钱包 P.7

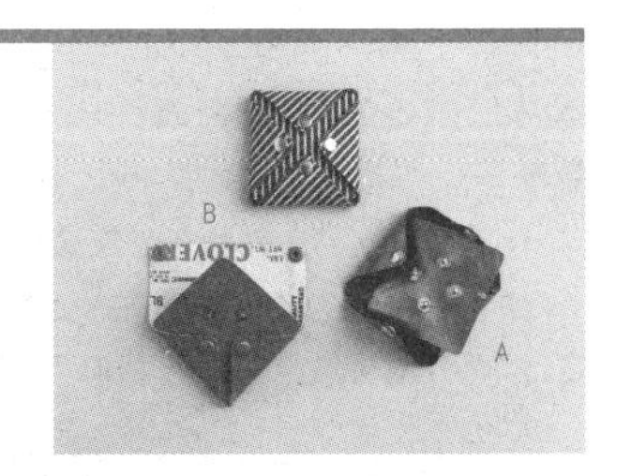

大小正方形使用不同材料，或者表里互换，可自由组合搭配。

A 皮革〔成品尺寸：7cm×7cm〕

材料

外层皮革（厚度 0.8mm 牛皮）：18cm×21cm

四合扣：直径 9.8mm×4 组

B 布料＋布料／皮革＋布料〔成品尺寸：7cm×7cm〕

材料

外层布料（棉布・条纹）

或外层皮革（厚度 0.7mm 牛皮）：18cm×11cm

内页布料（棉布・7 号帆布）

或内也是布料（棉布・印染）：18cm×11cm

双面黏合衬：18cm×11cm

四合扣：直径 9.8mm×4 组

准备 ※A、B

A 直接用外层皮革按纸型裁剪。B 用双面黏合衬贴合外层布料（外层皮革）和内页布料，并按纸型裁剪。

A・B
所需零件

纸型：后贴边①

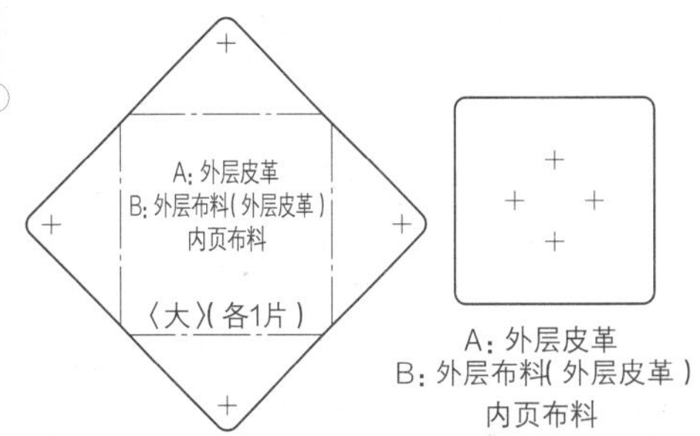

制作方法 ※A、B

固定四合扣（→参照第 38 页－5），

按纸型折叠。

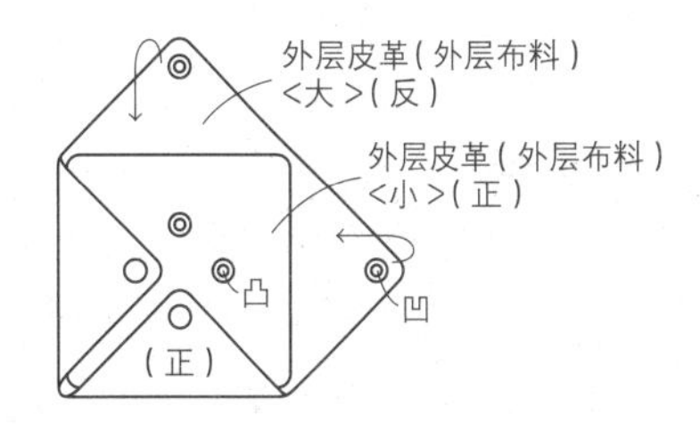

6 拉链零钱包 P.8-9

只要拉链端部处理做得好，后续制作过程很轻松。

如果不擅长上拉链，建议手缝。

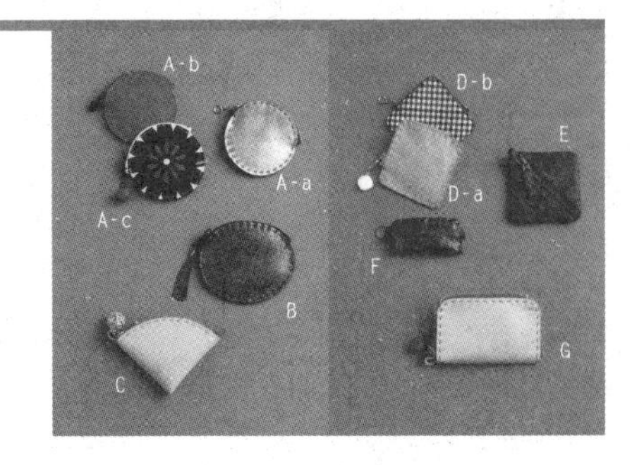

A 圆形〔成品尺寸：直径 8cm〕

材料

a 皮革

外层皮革（厚度 0.8mm 牛皮）：17cm×9cm

拉链：10cm×1 根

麻线：适量

b 布料＋布料

外层布料（棉布・7 号帆布）：17cm×9cm

内页布料（棉布・印染）：17cm×9cm

双面黏合衬：17cm×9cm

拉链：10cm×1 根

所需零件

纸型：第 90 页

a、b

a: 外层皮革
b: 外层布料
内页布料
（各2片）

c

外层布料
内页布料
（各2片）

c 布料＋布料

外层布料（棉布・11 号帆布・印染）：20cm×10cm

内页布料（棉布・床单布）：20cm×10cm

薄黏合衬（无纺布）：20cm×10cm

拉链：10cm×1 根

制作方法

❶ 处理拉链的端部（→参照第 42 页 -2 ④~⑦）。

❷ a = 外层皮革的周围开针孔，手缝固定拉链。

b = 用双面黏合衬贴合外层布料和内页布料，车缝固定拉链。

c = 外层布料的反面贴薄黏合衬。外层布料、内页布料的缝份折入反面，夹住拉链车缝。

❸ a=2 片对齐缝合。b=2 片对齐车缝。c=4 片对齐车缝。

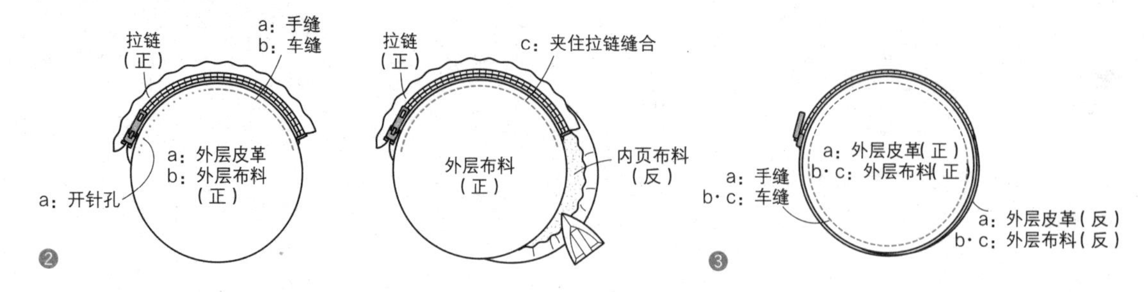

B 椭圆形（皮革）〔成品尺寸：10cm×8cm〕

材料

外层皮革（厚度 1.3mm 牛皮）：22cm×9cm

拉链：10cm×1 根

麻线：适量

所需零件

纸型：第 90 页

外层皮革

（2片）

制作方法 →参照 A-a

❶ 处理拉链的端部（→参照第 42 页 -2 ④~⑦）。

❷ 外层皮革的周围开针孔，手缝固定拉链。

❸ 2 片对齐手缝。

C 扇形（皮革）〔成品尺寸：8cm×8cm〕

材料

外层皮革（厚度 1.1mm 牛皮）：16cm×9cm

拉链：10cm×1 根

麻线：适量

所需零件

纸型：第 90 页

※ 挂袢按图示尺寸裁剪。

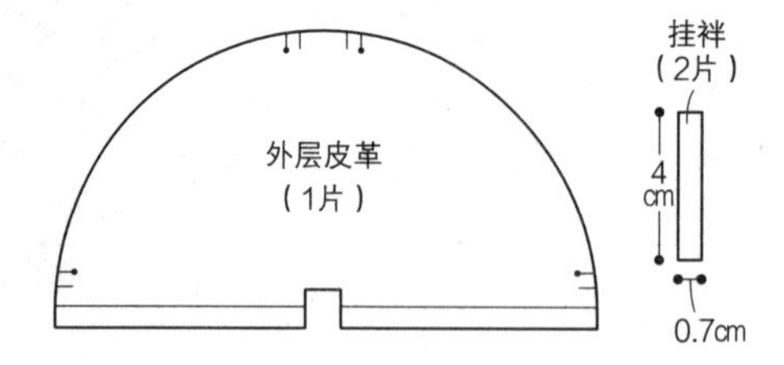

制作方法

❶ 处理拉链的端部（→参照第 42 页 -2 ④~⑦）。

❷ 外层皮革的弧线部分开针孔，手缝固定拉链。

❸ 正面对折步骤②成品，车缝侧边，翻到正面。

❹ 手缝挂袢。

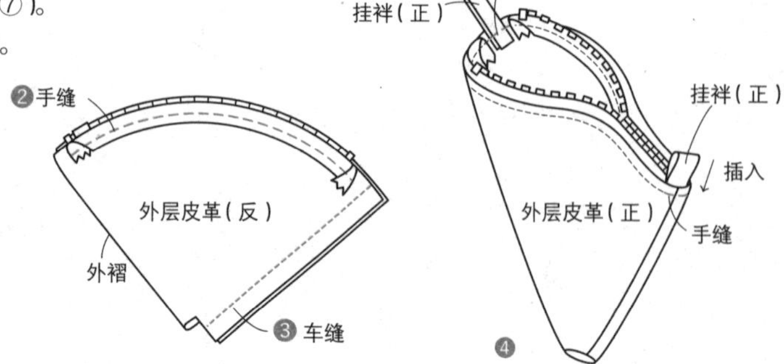

D 侧开口正方形（皮革 / 布料 + 布料）〔成品尺寸：7.5cm × 7.5cm〕

材料

a（皮革）
外层皮革（厚度 0.6mm 牛皮）：16cm × 8cm
拉链：10cm × 1 根
麻线：适量

b（布料 + 布料）
外层布料（棉布・印染）：18cm × 9cm
内页布料（棉布・印染）：18cm × 9cm
薄黏合衬（无纺布）：18cm × 9cm
拉链：10cm × 1 根

所需零件

纸型：第 90 页

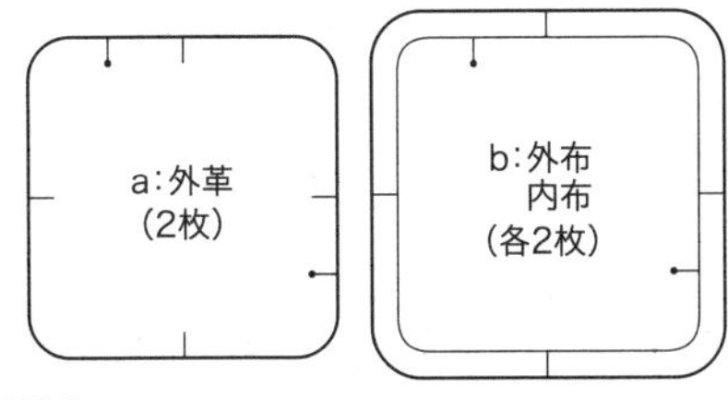

制作方法 →参照第 52 页 A a

❶ 处理拉链的端部（→参照第 42 页 -2 ④~⑦）。
❷ a= 外层皮革的周围开针孔，手缝固定拉链。
b= 外层布料的反面贴黏合衬，外层布料、内页布料的缝份折入反面，夹住拉链车缝。
❸ a=2 片对齐手缝。
b=2 片对齐车缝。

F 正方形对折（皮革 + 皮革）〔成品尺寸：7.5cm × 3.5cm〕

材料

外层皮革（厚度 0.9mm 牛皮）：8cm × 8cm
拉链：10cm × 1 根
麻线：适量

所需零件

纸型：第 90 页

外层皮革（1片）

制作方法

❶ 处理拉链的端部（→参照第 42 页 -2 ④~⑦）。
❷ 外层皮革的周围开针孔。
❸ 拉链手缝固定于包口。
❹ 反面对折外层皮革，手缝侧边。

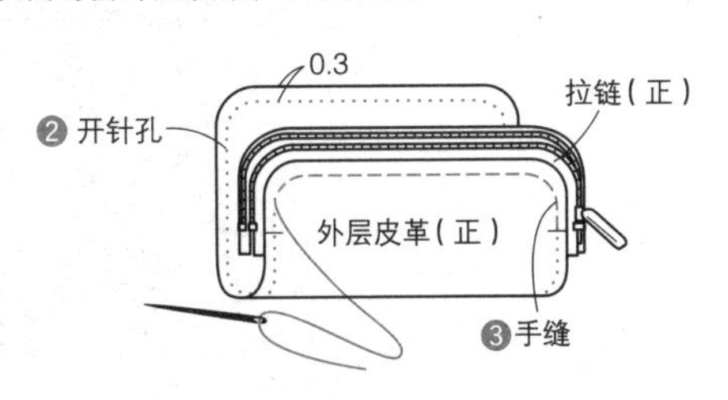

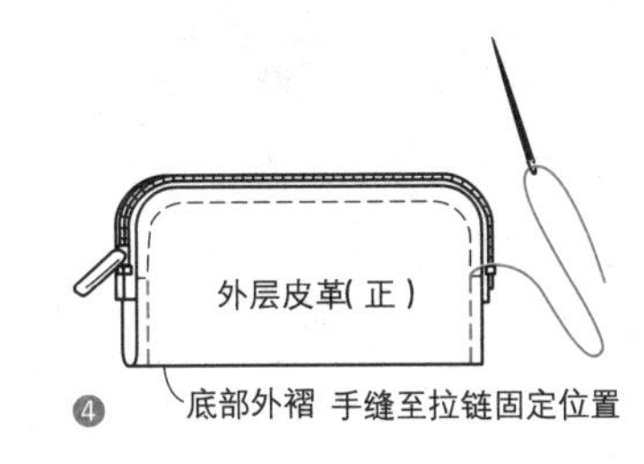

G 圆底长方形（皮革 + 布料）〔成品尺寸：10cm × 6.5cm〕

材料

外层皮革・挂袢（厚度 1mm 牛皮）：11cm × 15cm
内页布料（棉布・印染）：11cm × 14cm
双面黏合衬：11cm × 14cm
拉链：20cm × 1 根
麻线：适量

所需零件

纸型：第 92 页
※ 挂袢按图示尺寸裁剪。

准备

用双面黏合衬贴合外层皮革和内页布料，按纸型裁剪。

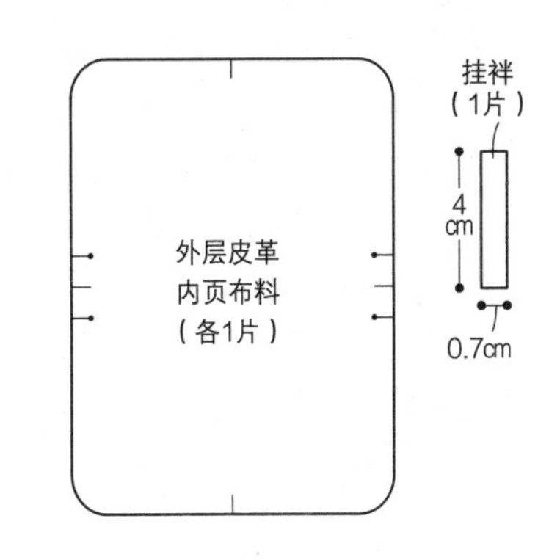

制作方法 → 参照 F

❶ 处理拉链的端部（→参照第 42 页 -2 ④~⑦）。
❷ 外层皮革的周围开针孔，手缝固定拉链。
❸ 手缝挂袢（→参照第 52 页 -C ④）。

E 中央开口正方形（皮革）〔成品尺寸：7.5cm×7.5cm〕

材料

外层皮革・挂袢・拉片装饰（厚度0.6mm牛皮）：20cm×10cm

拉链：10cm×1根

麻线：适量

所需零件

纸型：第90页

※ 挂袢、拉片装饰按图示尺寸裁剪。

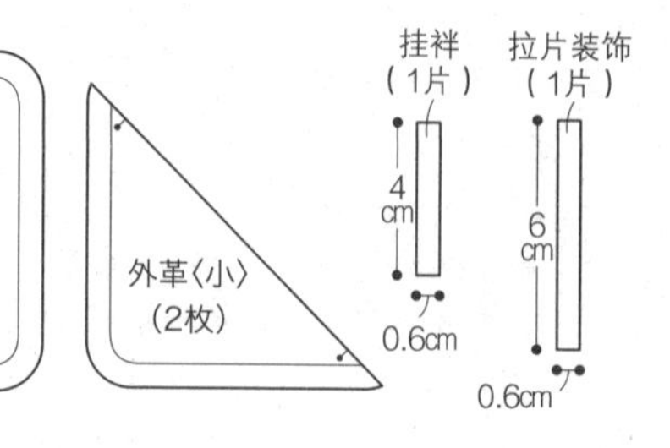

制作方法

❶ 拉链塞入为8.5cm长度（→参照第41页－2①～③）。
❷ 外层皮革（小）开针孔，手缝固定拉链。
❸ 将外层皮革（大）正面对合于步骤②成品，周围车缝，翻到正面。
❹ 手缝连接挂袢、拉片装饰。

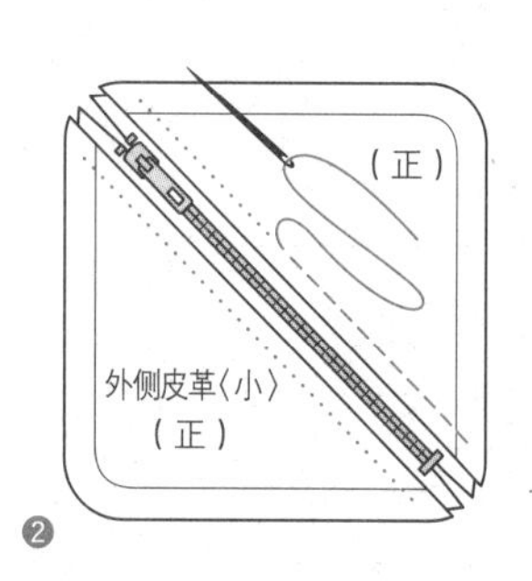

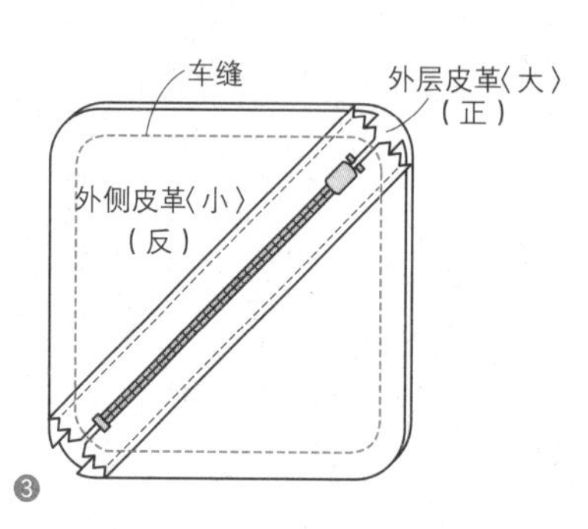

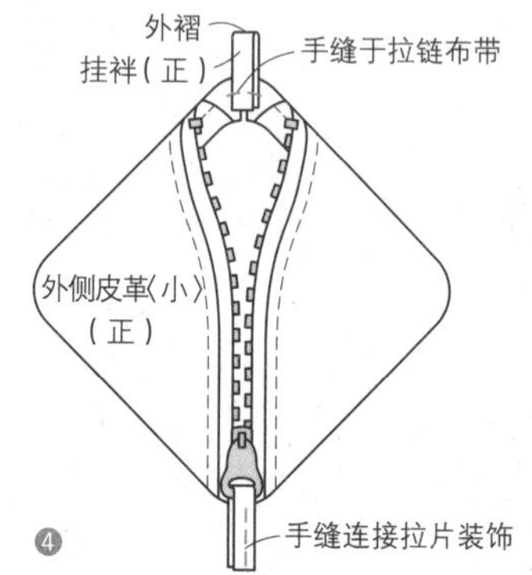

7 粽角零钱包 P.10

磁扣装饰带上贴着布料及皮革。
再制作流苏，或者加入其他装饰、链条等。

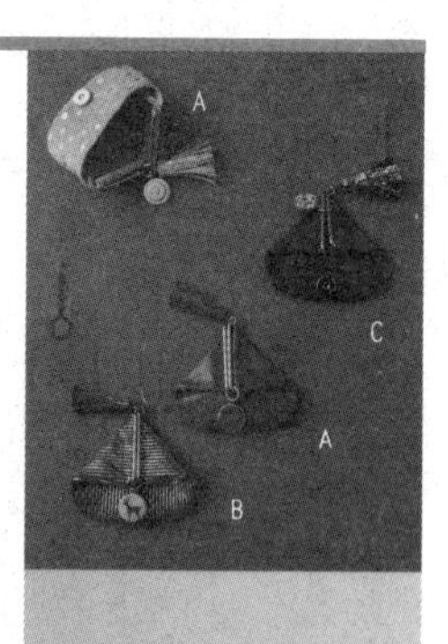

A 皮革〔成品尺寸：10cm×8cm〕

材料

外层皮革・流苏・带饰（厚度1.1mm牛皮・金色波点/厚度0.6mm红色牛皮）：26cm×12cm

粽角口金：5.5cm×1组（★）

开口圈：7mm×1个

B 皮革＋布料〔成品尺寸：10cm×8cm〕

材料

外层皮革・流苏（厚度0.6mm猪皮）：26cm×13cm

内页布料（棉布・印染）：26cm×13cm

双面黏合衬：26cm×13cm

粽角口金：5.5cm×1组（★）

开口圈：7mm×1个

C　布料 + 布料 〔成品尺寸：10cm × 8cm〕

材 料

外层布料（棉布・7 号帆布）：26cm × 12cm

内页布料・流苏・带饰（棉布・印染）：26cm × 13cm

双面黏合衬：26cm × 13cm

粽角口金：5.5cm × 1 组（★）

开口圈：7mm × 1 个

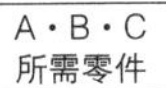

纸型：后贴边②

※ 流苏、带饰按图示尺寸裁剪。

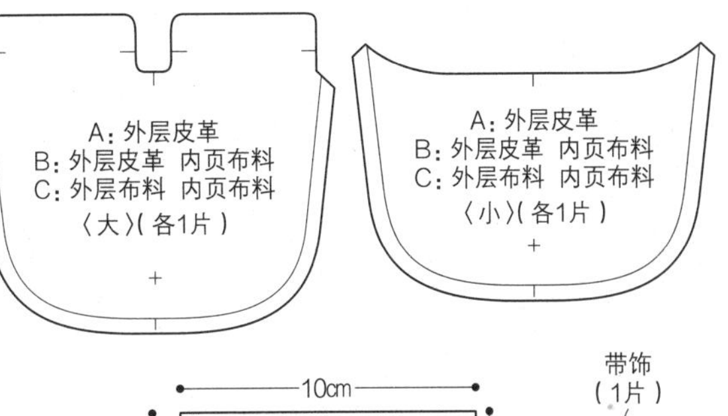

准 备 ※A、B、C

A 直接用外层皮革按纸型裁剪。B・C 用双面黏合衬贴合外层布料（外层皮革）和内页布料，并按纸型裁剪。

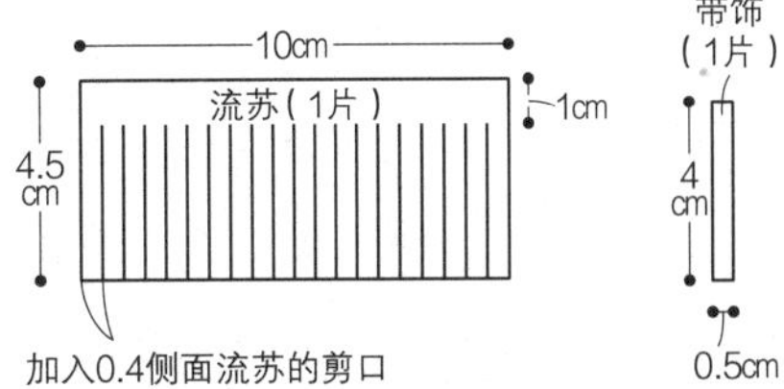

制作方法 ※A、B、C

❶ 按成品折叠包口，并缝合。

❷ 正面对合外层皮革 < 大 > 和外层皮革 < 小 > 或外层布料 < 大 > 和外层布料 < 小 >，缝合周围。

❸ 翻到正面，穿入口金，固定磁扣。

❹ 用胶水将冲成直径 20mm 的圆形外层皮革（或将直径 20mm 的黏合衬贴合于直径 30mm 的内页布料反面）贴于磁扣凸侧的装饰板。最后，固定流苏。

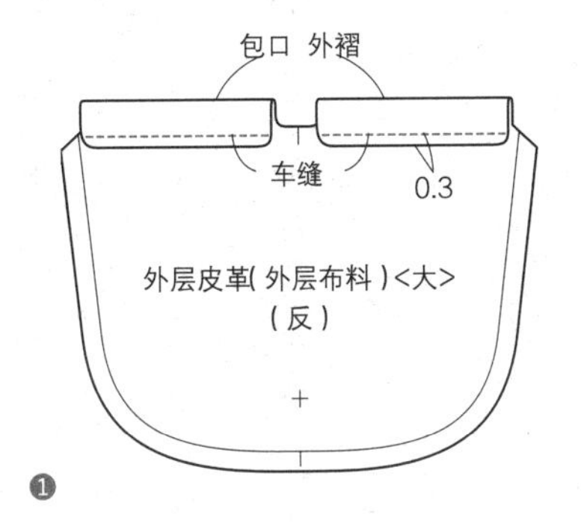

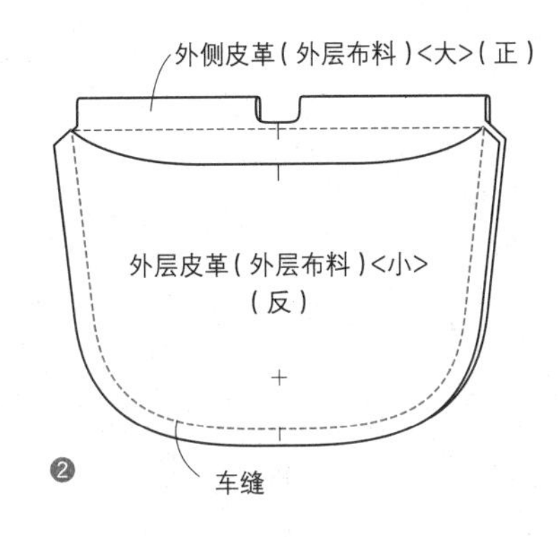

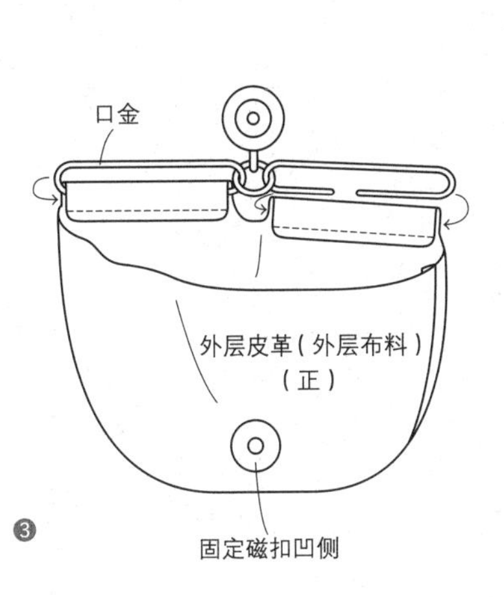

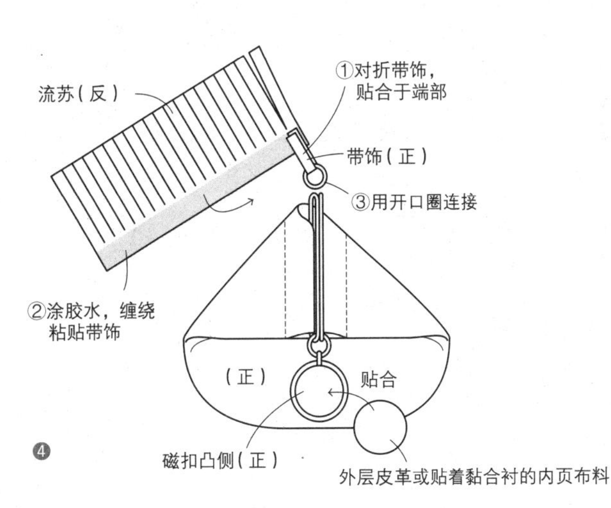

8 口金零钱包 P.11

手掌大小的蛤口口金包，是最容易制作、最方便使用的形状。
加上挂饰，更显独特。

A 布料 + 布料 〔成品尺寸：10cm×6cm×2cm〕

材料

外层布料（棉布・印染）：14cm×15cm
内页布料（棉布・印染）：14cm×15cm
薄黏合衬（无纺布）：28cm×15cm
蛤口口金：7.6cm×3.8cm（F18）×1个（★）
纸绳：适量

A・B
所需零件

纸型：
后贴边①

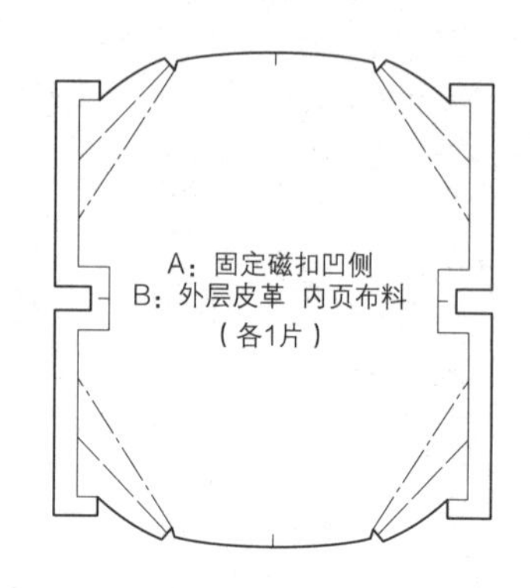

B 皮革 + 布料 〔成品尺寸：10cm×6cm×2cm〕

材料

外层皮革（厚度0.6mm牛皮）：14cm×15cm
内页布料（棉布・印染）：14cm×15cm
薄黏合衬（无纺布）：28cm×15cm
蛤口口金：7.6cm×3.8cm（F18）×1个（★）
纸绳：适量

准备 ※A、B

A直径用外层布料和内页布料按纸型裁剪。B在内页布料贴黏合衬，并按纸型裁剪。

制作方法 ※A、B

❶ 正面对合外层布料（外层皮革），缝合两侧边，缝合拼块。
内侧布料同样制作。
❷ 折入两侧边的折份，用胶水贴合。
❸ 反面向内重合外层布料（外层皮革）和内页布料，
用胶水贴合包口。
❹ 准备纸绳（→参照第43页-10）。
❺ 两侧边制作折痕，嵌入口金（参照第43页-10参照）。

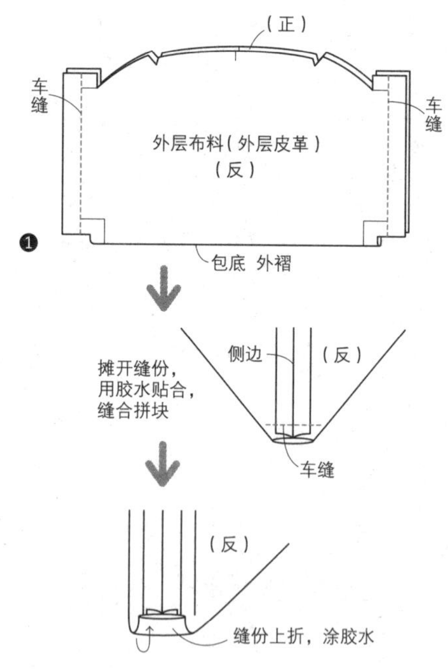

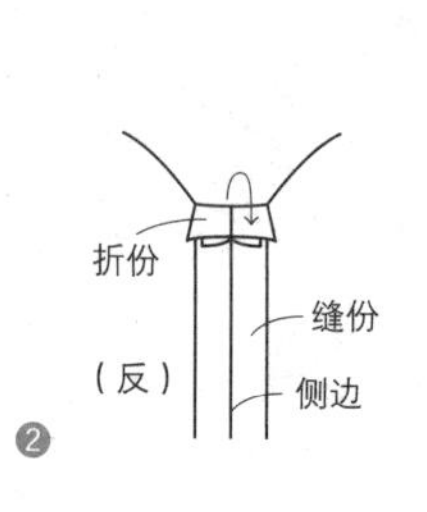

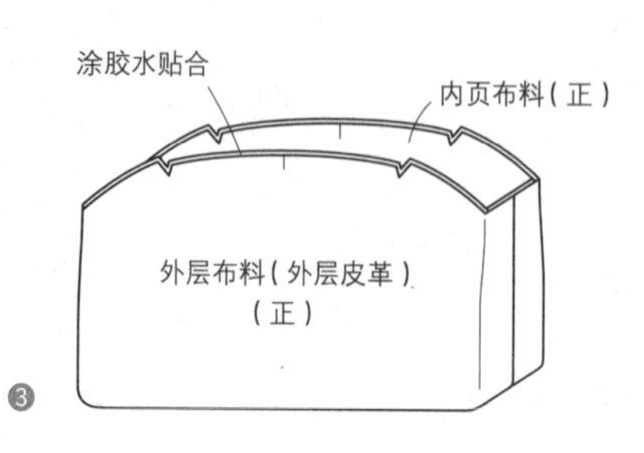

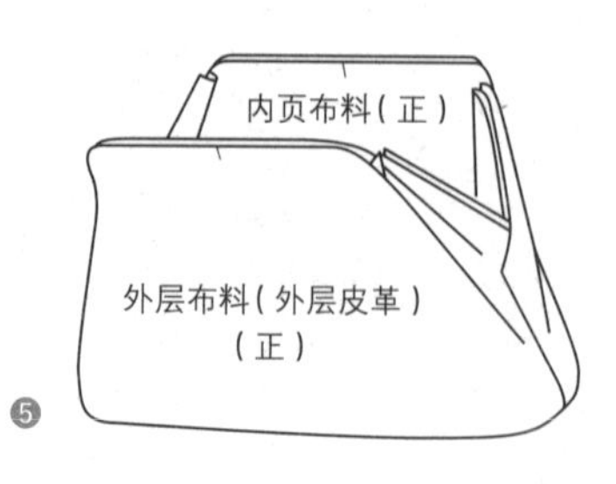

9 弹簧口口金零钱包 P.11

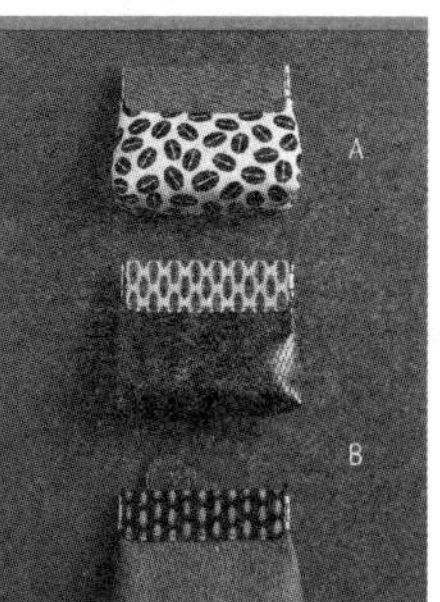

沿着外褶裁剪包底，皮革及布料的尺寸不够或花纹需要对齐时，可从包底拼接。

A 布料 + 布料〔成品尺寸：8.5cm × 7cm × 3.5cm〕

材料

材料

外层布料（棉布・印染）：15cm × 26cm

内页布料（棉布・鲨鱼纹）：15cm × 26cm

双面黏合衬：15cm × 26cm

弹簧口口金：8.6cm × 1.5cm（SY24）× 1 个（★）

B 皮革 + 布料〔成品尺寸：8.5cm × 7cm × 3.5cm〕

材料

外层皮革（厚度 0.6mm 牛皮）：15cm × 26cm

包口布料（棉布・印染）：9cm × 12cm

双面黏合衬：9cm × 12cm

弹簧口口金：8.6cm × 1.5cm（SY24）× 1 个（★）

A・B
所需零件

纸型：

后贴边②

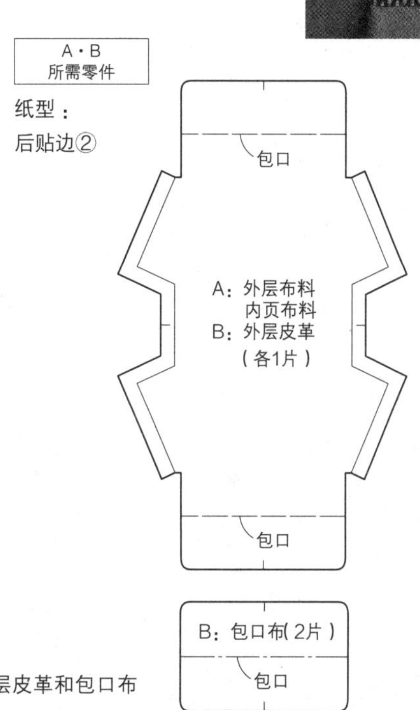

准备 ※A、B

A 直径用外层布料和内页布料按纸型裁剪。B 用双面黏合衬贴合外层皮革和包口布料，并按纸型裁剪。

制作方法 ※A、B

❶ 沿着成品线 将包口折入正面，并缝合。

❷ 正面向内重合外层布料（外层皮革），缝合两侧边，缝合拼块。

❸ 翻到正面，嵌入口金。

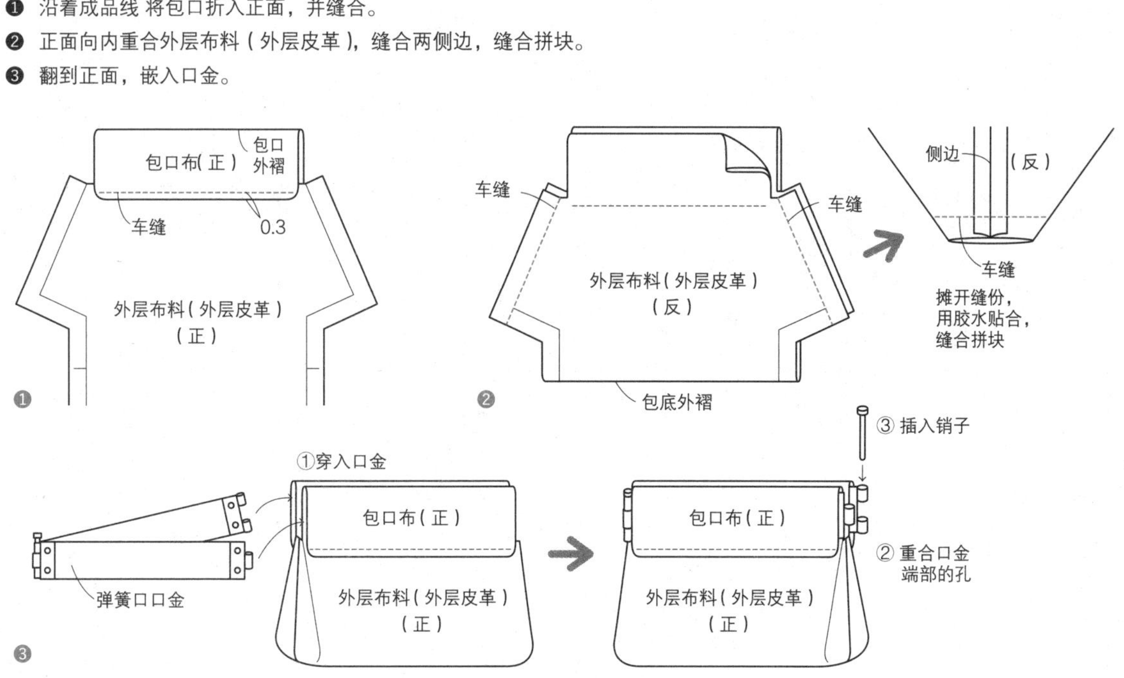

10 圆底零钱包 P.12

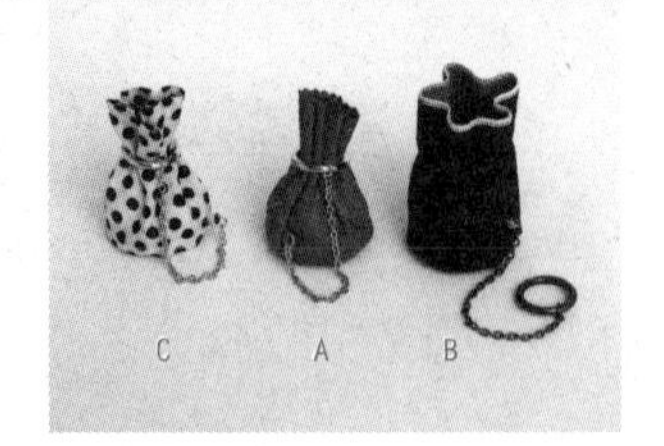

一张皮革，包口用花边剪修剪的基本款。
充满童趣的零钱包。

A 皮革〔成品尺寸：5cm×8cm〕

材料

外层皮革・包底・挂袢（厚度0.6mm牛皮）：19cm×17cm
平钥匙环：内径21mm×外径30mm（M98）×1个（★）
链条：宽4mm×12cm
开口圈：7mm×2个

B 布料〔成品尺寸：5cm×8cm〕

材料

外层布料・包底・挂袢（棉布・牛仔布）：19cm×17cm
平钥匙环：内径21mm×外径30mm（M98）×1个（★）
链条：宽4mm×12cm
开口圈：7mm×2个

准备 ※A、B

A用花边剪修剪包口。
B沿着布边裁剪包口，布边涂皮边油。

制作方法 ※A、B

❶ 正面对折外层皮革（外层布料），挂袢夹入侧边缝合。缝份摊开。
❷ 外层皮革（外层布料）的包底侧缝份加剪口，与包底正面对合缝合。
❸ 翻到正面，用开口圈将链条连接于挂袢和平钥匙环。

A・B 所需零件

纸型：后贴边①
※ 挂袢按图示尺寸裁剪。

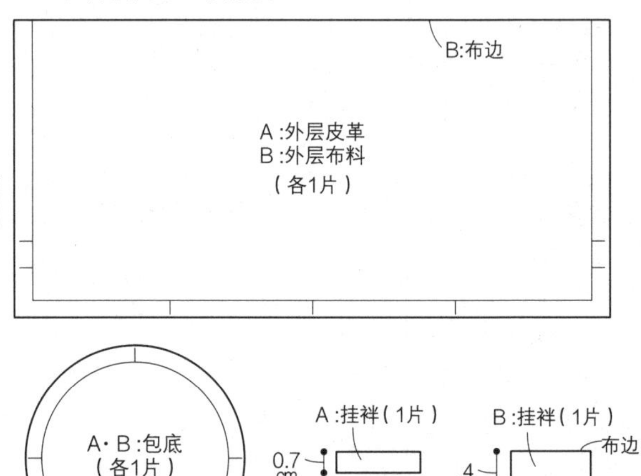

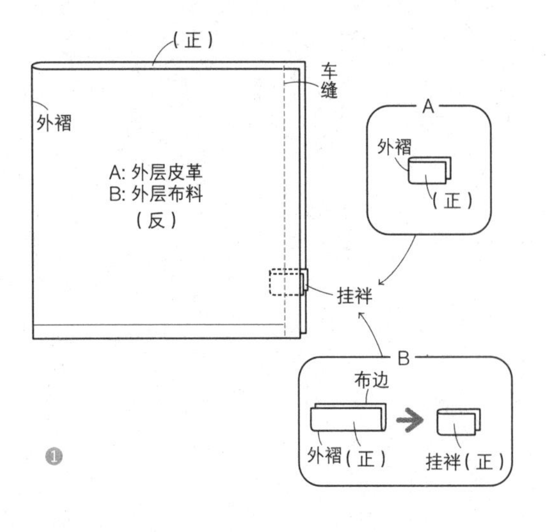

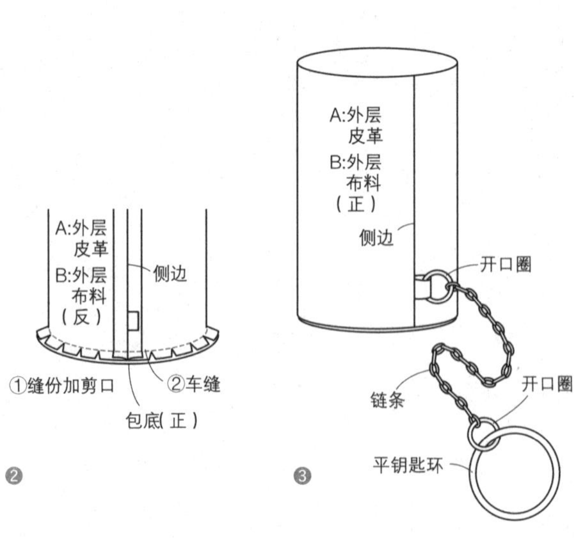

C 布料＋布料〔成品尺寸：5cm×8cm〕

材料

外层布料・包底・挂袢（棉布・印染）：19cm×26cm

双面黏合衬：19cm×10cm

薄黏合衬（无纺布）：14cm×7cm

平钥匙环：内径 21mm× 外径 30mm（M98）×1 个（★）

链条：宽 4mm×12cm

开口圈：7mm×2 个

准备

外层布料的包口制作外褶，按纸型裁剪，一面贴双面黏合衬。

包底 2 片的反面分别贴薄黏合衬，并按纸型裁剪。

制作方法

❶ 正面对折外层布料，挂袢夹入侧面缝合。
摊开缝份，包口反面向内对折，熨烫贴合。

❷ 外层布料的包底侧缝份加剪口，
与外包底正面向内缝合。
内包底的缝份沿着成品线折入，
与外包底反面对合，用胶水贴合。

❸ 翻到正面，用开口圈将链条连接于挂袢和平钥匙环。

所需零件

纸型：后贴边①

※ 挂袢按图示尺寸裁剪。

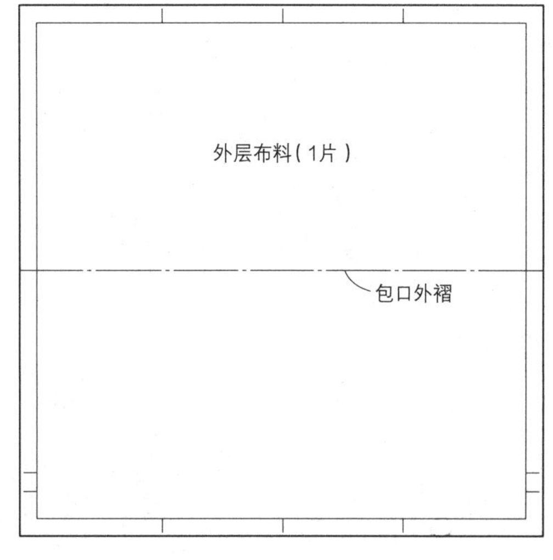

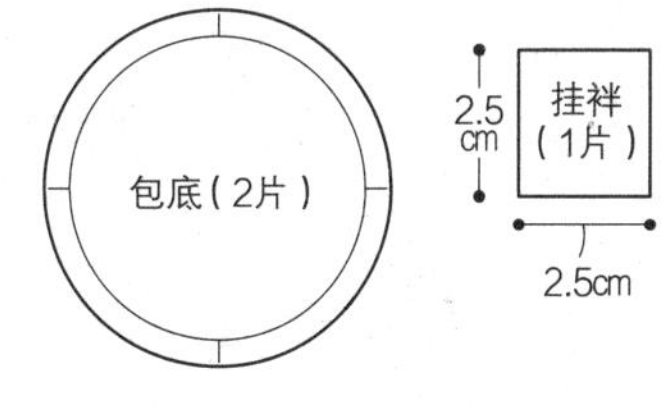

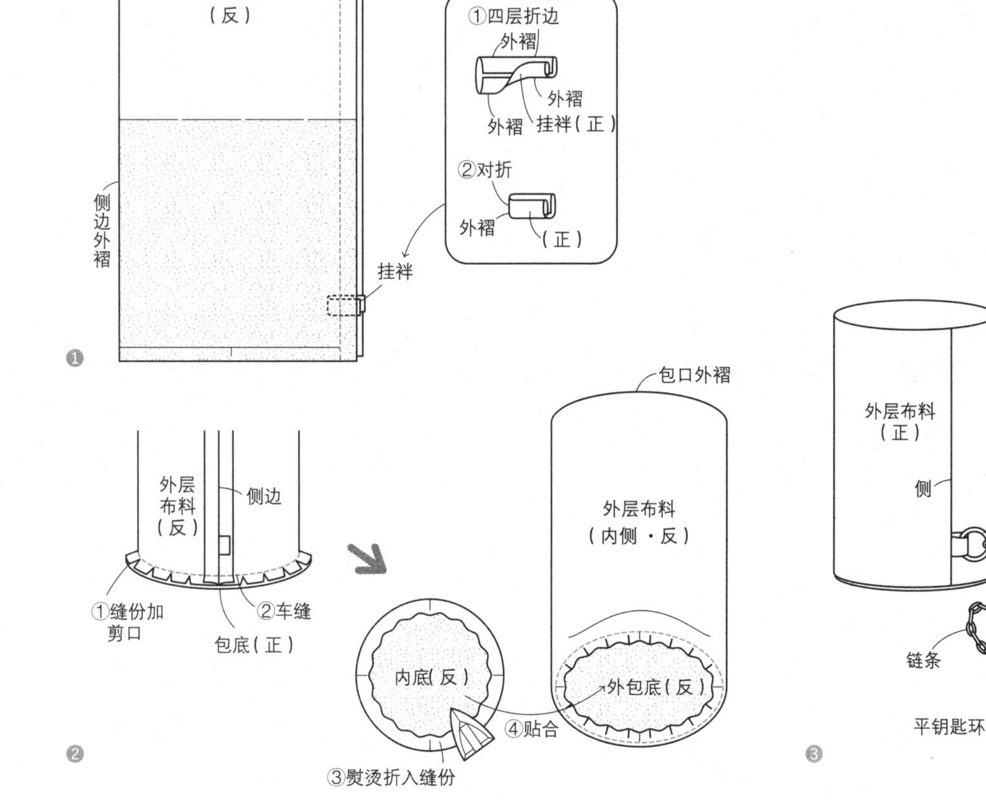

11 束口零钱包 P.12

圆形四周等间隔开孔，穿入绳带就是束口。
用一片是皮革就能完成，简单易学。

A 皮革 + 布料〔成品尺寸：8cm×5.5cm〕

材料

外层皮革・束头（厚度 0.9mm 牛皮）：21cm×21cm
内页布料（棉布・印染）：21cm×21cm
双面黏合衬：21cm×21cm
皮革绳：宽 3mm×40cm×2 根

准备

用双面黏合衬贴合外层皮革和内页布料，按纸型裁剪。

所需零件

纸型：第 91 页

制作方法

❶ 用冲头开绳带穿孔。
❷ 穿入皮革绳，
　束头穿入绳带后打结。

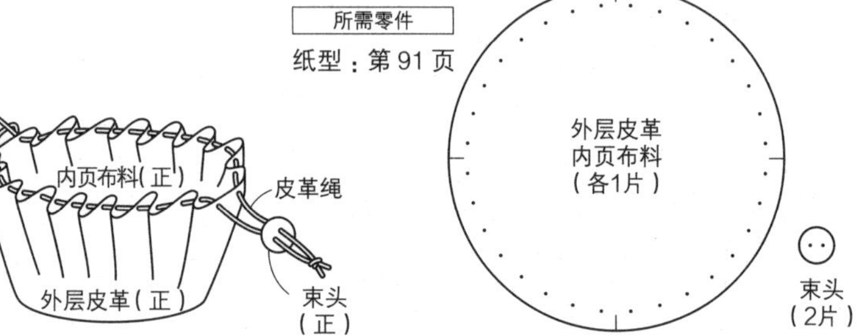

B 布料 + 布料 + 皮革〔成品尺寸：8cm×5.5cm〕

材料

外层布料（棉布・印染）：22cm×22cm
内页布料（棉布・原色）：22cm×22cm
皮革带（厚度 1.1mm 牛皮）：5cm×21cm
薄黏合衬（无纺布）：22cm×22cm
双面黏合衬：22cm×22cm
皮革绳：宽 3mm×40cm×2 根

所需零件

纸型：第 91 页

准备 外层布料的反面贴薄黏合衬，内页布料的反面贴双面黏合衬，按纸型裁剪。

制作方法

❶ 皮革带重合于外层布料的正面，缝合。
❷ 正面对合外层布料和内页布料，缝合周围。翻口先"回针缝→平缝→回针缝"缝合，熨烫摊开缝份，松开平缝的针脚。
　缝份加剪口，翻到正面，订缝翻口。
❸ 用冲头开绳带穿孔，孔的四周涂皮边油。
❹ 从皮革带的两端各穿入 1 根皮革绳，绕一周后打结。

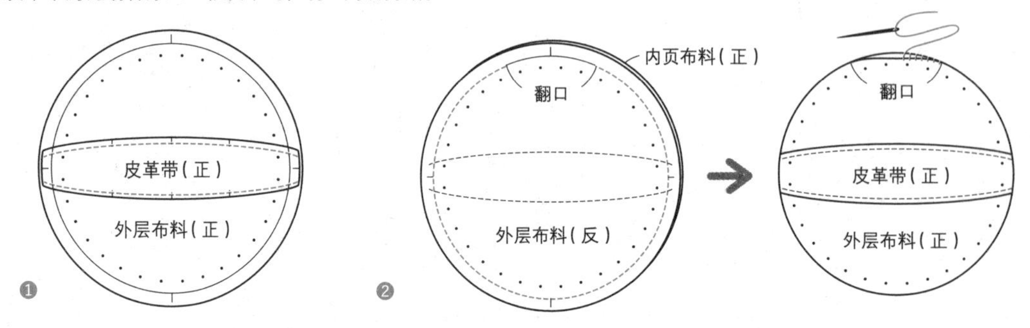

12 贝壳口零钱包 P.13

布制钱包常见的包口，这次用皮革制作。
内夹芯材，所以不需要衬里。
内侧使用绒面，也可用于化妆包。

皮革＋皮革〔成品尺寸：9cm×5.5cm〕

材料

外层皮革（厚度 1.2mm 牛皮）：18cm×10cm
内页皮革（厚度 0.5mm 猪皮・绒面）：18cm×10cm
芯材（厚度 0.5 聚氨酯板）：15cm×8cm
麻线：适量

所需零件

纸型：第 90 页

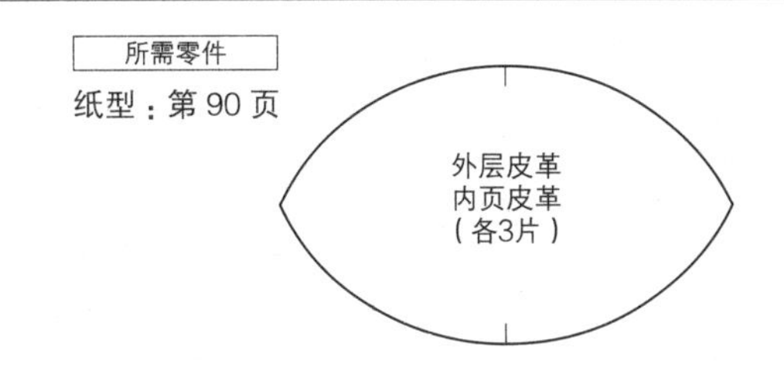

准备

外层皮革和内页皮革粗裁，芯材比纸型稍大 2mm 裁剪，在外层皮革的反面用胶水贴芯材。
反面对合外层皮革和内页皮革，用胶水贴合，按纸型裁剪。

制作方法

❶ 外层皮革加入缝线标记，用锥子开孔。
❷ 分别缝合侧面的 2 片外层皮革的包口部分（其中一边）。
❸ 包底剩余的 1 片与步骤②的 2 片反面对合，手缝。

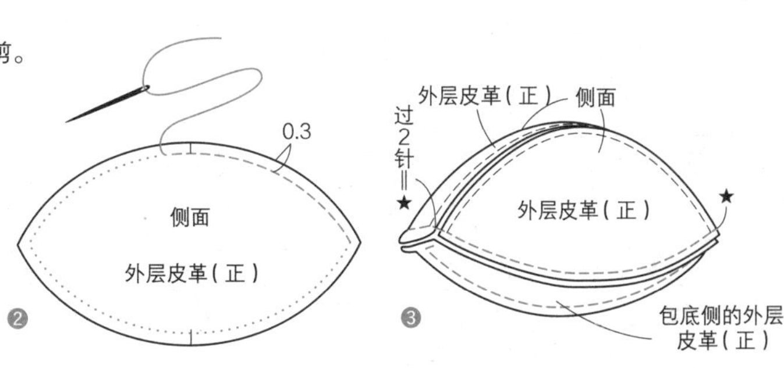

14 带夹层的展开式零钱包 P.14

一张皮革折叠而成的趣味钱包，加上隔断之后用途广泛。
隔断也可用其他材料。

皮革〔成品尺寸：9cm×6cm〕

材料

外层皮革・隔断（厚度 1.2mm 牛皮）：20cm×18cm
四合扣：直径 8.8mm×1 组
极小双面气眼：4 组

准备

外层皮革、隔断按纸型裁剪。

所需零件

纸型：第 89 页

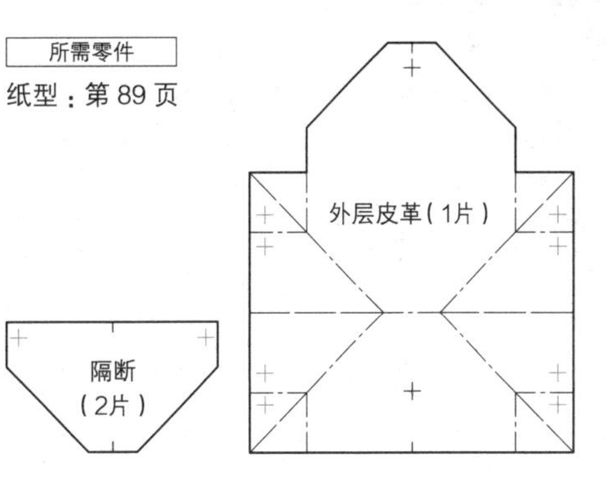

制作方法

❶ 按纸型折叠，用金属锤敲打制作折痕。

❷ 加入隔断，用气眼固定两侧边。

❸ 固定四合扣（→参照第 38 页 – 5 ）。

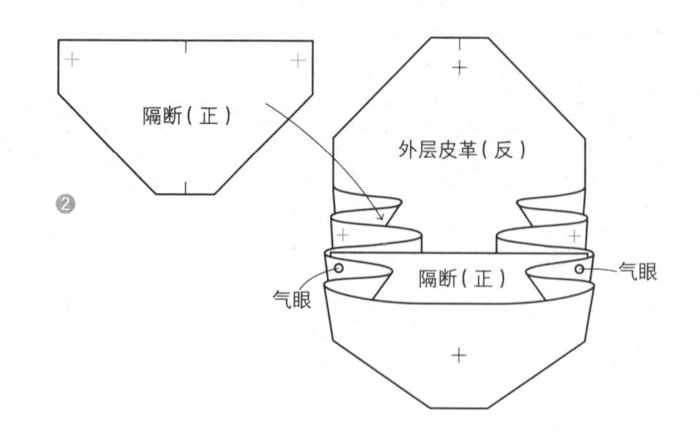

15 风琴零钱包 P.14

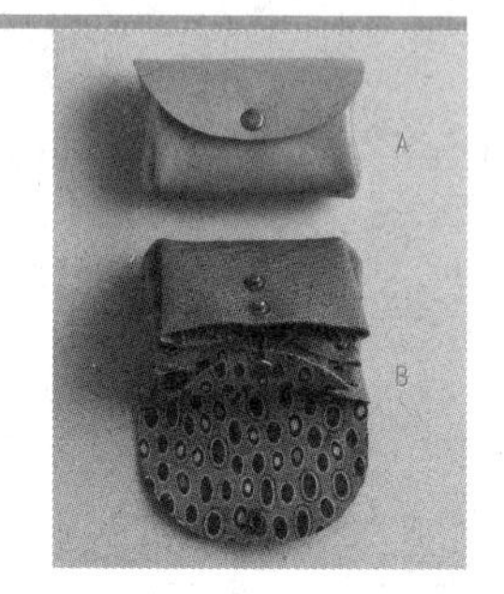

颜色不同的大小皮革而成，
或者表里颠倒贴合，
展开时会有各种惊喜。

A 皮革 〔成品尺寸：9.5cm×6cm×3cm〕

材料

外层皮革・隔断（1.2mm 厚度牛皮）：30cm×20cm
四合扣：直径 9.8cm×2 组
极小双面气眼：4 组

B 布料 + 布料 〔成品尺寸：9.5cm×6cm×3cm〕

材料

外层布料・隔断（棉布・7 号帆布）：30cm×20cm
内页布料・隔断（棉布・印染）：30cm×20cm
双面黏合衬：30cm×20cm
四合扣：直径 9.8cm×2 组
极小双面气眼：4 组

准备 ※A、B

A 的外层皮革、隔断按纸型裁剪。
B 的外层布料和内侧布料、外隔断和内隔断粗裁，
用双面黏合衬贴合，按纸型裁剪。布边涂皮边油。

制作方法 ※A、B →参照第 39 页

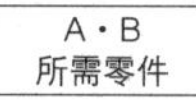

纸型：第 95 页

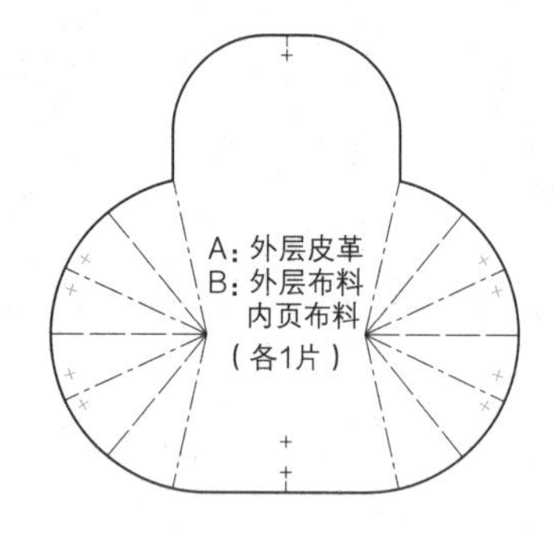

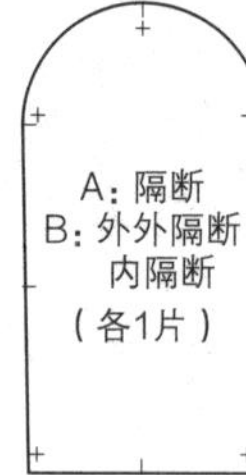

13 折纸零钱包 P.13

选择极其薄的皮革制作。
或者使用印染布料折叠成风车状，展现奇妙的花纹。

A 皮革〔成品尺寸：7cm×7cm〕

材料

外层皮革·包底（厚度0.4mm猪皮）：31cm×26cm
薄黏合衬（无纺布）：18cm×9cm
双面黏合衬：31cm×9cm

B 布料〔成品尺寸：7cm×7cm〕

材料

外层布料·包底（棉布·印染）：31cm×26cm
薄黏合衬（无纺布）：18cm×9cm
双面黏合衬：31cm×9cm

准备 ※A、B

外层布料·包底（棉布·印染）：31cm×26cm
薄黏合衬（无纺布）：18cm×9cm
双面黏合衬：31cm×9cm

准备 ※A、B

❶ 外层皮革（外层布料）粗裁，
靠近内侧面的反面贴双面黏合衬，按纸型裁剪。
包底按纸型裁剪，2片的反面均贴薄黏合衬。

❷ 熨烫折入包底的缝份。外层皮革（外层布料）的缝份的4个边角加剪口，缝份的边角与外包底的缝份重合，用胶水贴合。

❸ 先翻到反面，贴合内包底，翻到正面熨烫加入折痕。

A·B 所需零件

纸型：第90页

A·B：外包底
内包底
（各1片）

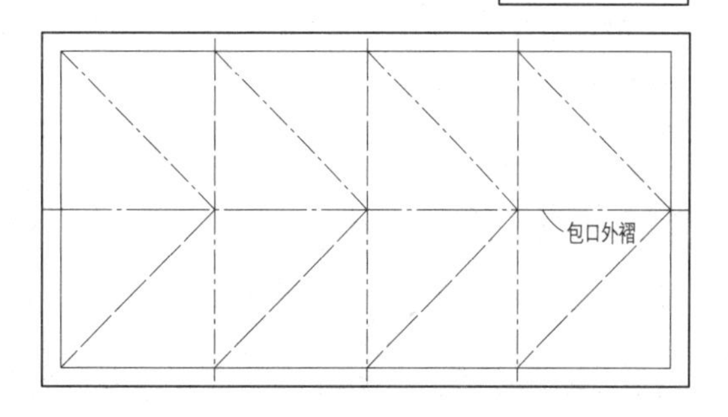

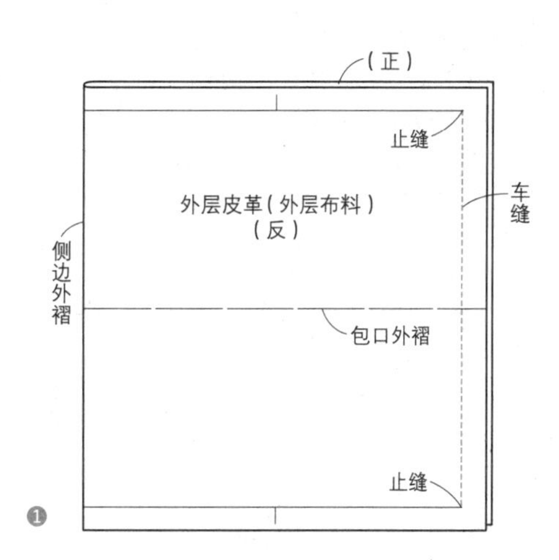

❶

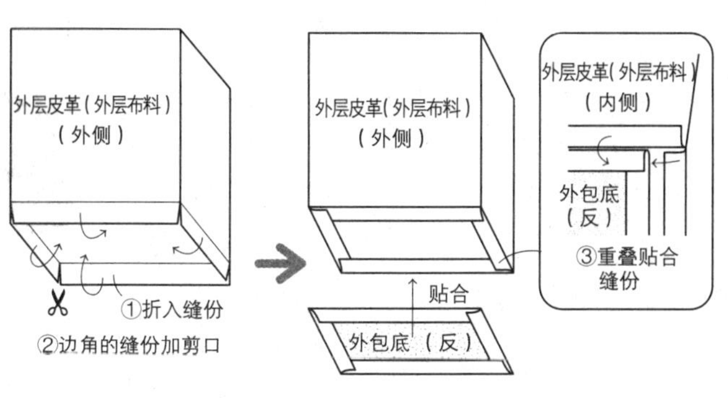

❷

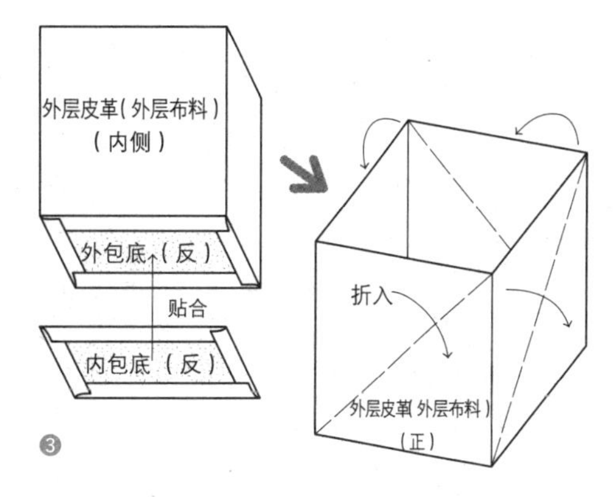

❸

17 零钱整理夹 P.15

如果不需要纸币夹层，也可省略。
将金具固定于较厚的皮革上，造型简单、小巧。

A 皮革＋布料 〔成品尺寸：10.5cm×6cm〕

材料

外层皮革・外口袋・外搭头（厚度 1.2mm 牛皮）：12cm×22cm
内页布料・内口袋・内搭头（棉布・波点）：12cm×22cm
双面黏合衬：12cm×22cm
4 联硬币金具：10cm×5cm（Y27）×1 组（★）
四合扣：直径 9.8mm×1 组
极小双面气眼：6 个

准备

外层皮革和内页布料、外口袋和内口袋、外搭头和内搭头粗裁，用双面黏合衬贴合，按纸型裁剪。

所需零件

纸型：后贴边①

外层皮革
内页布料
（各1片）

外口袋
内口袋（各1片）

外搭头
内搭头
（各1片）

制作方法

❶ 口袋口折边车缝，
与外侧皮革反面对合，缝接包底侧。
外侧皮革的周围折边车缝，
口袋的两侧面也要缝合。

❷ 搭头的四周折边车缝，固定四合扣凹侧
（→参照第 38 页－5）用气眼固定于外层皮革。

❸ 外层皮革侧固定四合扣凸侧，
用气眼固定硬币金具。气眼位置非等间隔，应注意。
实物等大纸型的气眼位置保持方向，
描印于外层皮革的反面，开孔前必须对齐金具确认。
或者，与普通的固定方法不同，将气眼凹侧嵌入外层皮革正面，凸侧嵌入硬币金具侧，从凸侧敲入。

①口袋口折边车缝
外口袋（正）
②车缝
0.2
外层皮革（反）
外口袋（正）
③折边车缝
外层皮革（反）
❶

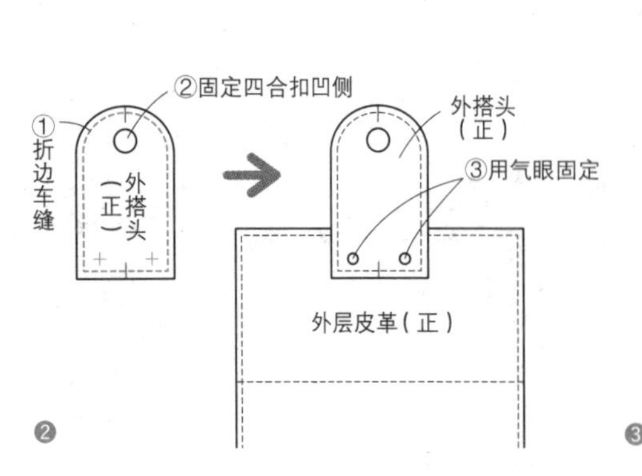

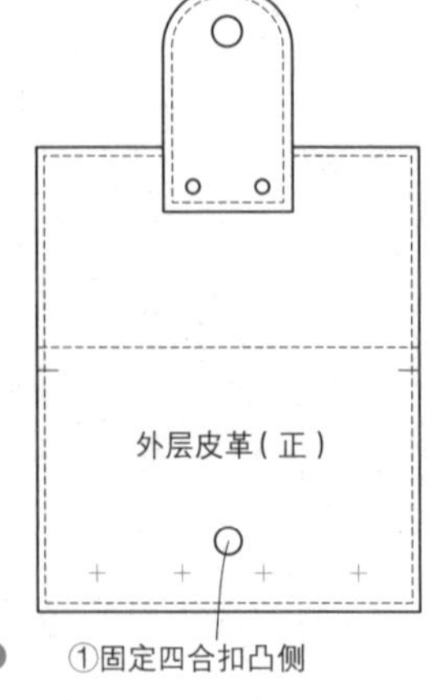

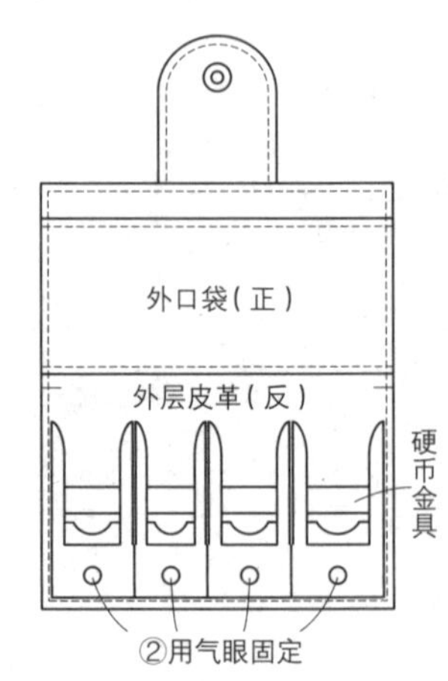

B 布料＋布料〔成品尺寸：10.5cm×6cm〕

材料

外层布料・外搭头（棉布・条纹）：12cm×15cm

内页布料・内搭头（棉布・格纹）：17cm×25cm

薄黏合衬（无纺布）：26cm×25cm

4 联硬币金具：10cm×5cm（Y27）×1 组（★）

四合扣：直径 9.8mm×1 组

极小双面气眼：6 个

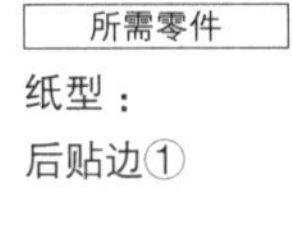

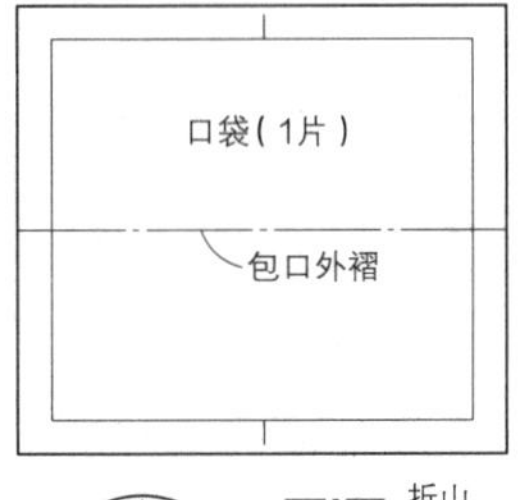

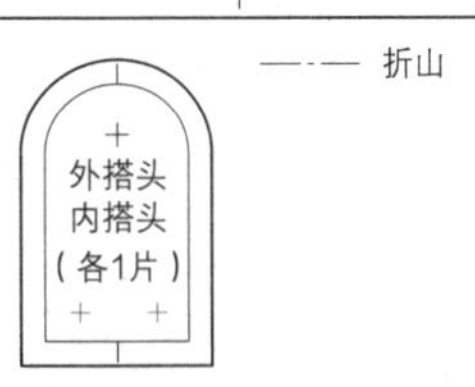

准备

外层布料・内页布料・口袋的反面贴黏合衬，按纸型裁剪。

制作方法

❶ 口袋口正面对折，缝合下端，翻到正面。
重合于内页布料，缝接包底侧。

❷ 正面对合外层布料和内页布料，留下翻口，缝合周围。
翻到正面，折边车缝，并订缝翻口。

❸ 正面对合外搭头和内搭头，缝合下端以外部分。
翻到正面，下侧的缝份折入反面，折边车缝，并订缝下端。
固定四合扣凹侧（→参照第 38 页 -5），用气眼固定于外层布料。

❹ 四合扣凸侧固定于外层布料，确认固定位置，
用气眼固定硬币金具（→参照第 64 页 -③）。

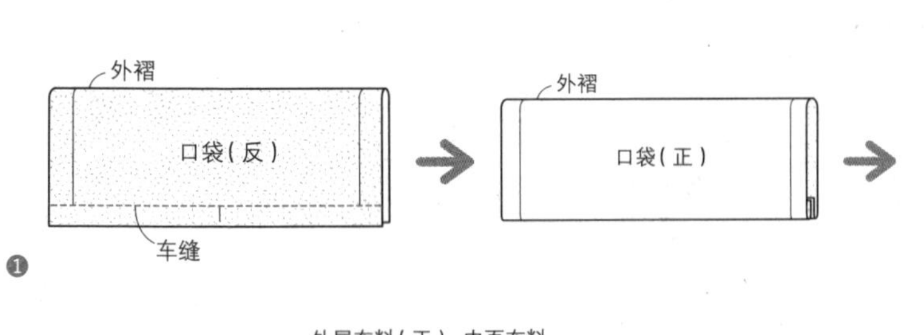

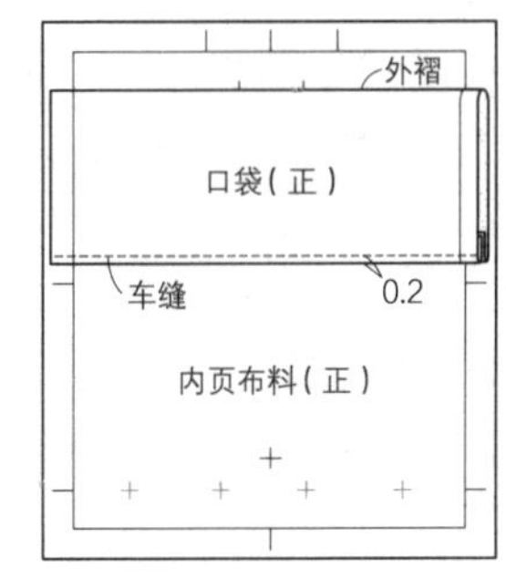

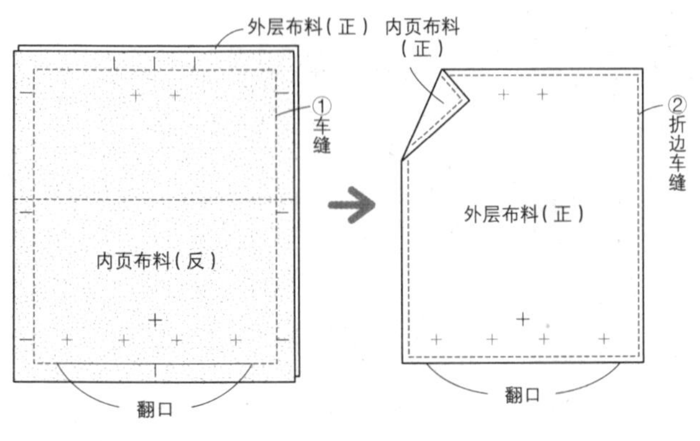

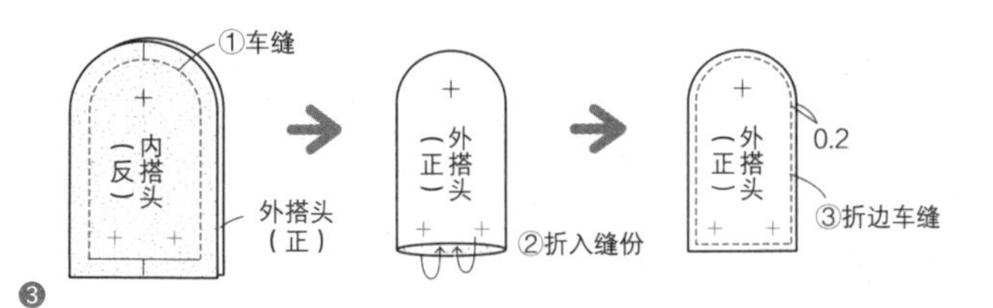

19 钱夹 P.17

制作成书套形状，最后在穿入金具部分加入 L 字形针迹。
薄皮革用 B 方法，厚皮革用 C 方法。

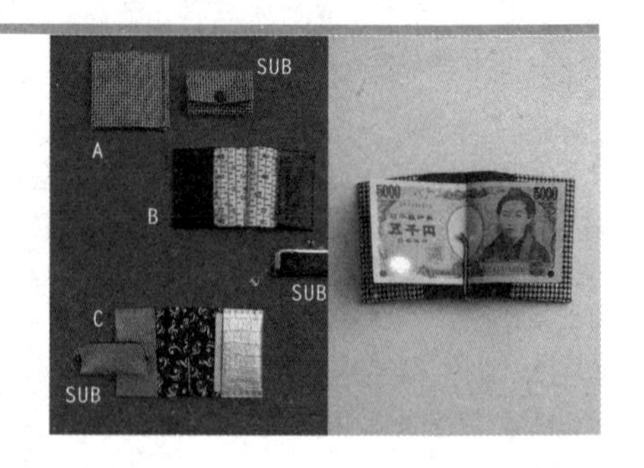

C 皮革 + 布料〔成品尺寸（对折时）：10cm × 9.5cm〕

材料

外层皮革（厚度 1.2mm 牛皮）：31cm × 10cm
内页布料（棉布・印染）：31cm × 10cm
双面黏合衬：31cm × 10cm
钱夹金具：长 8.9cm × 1 个（★）
麻线：适量

所需零件

纸型：第 94 页

外层皮革
内页布料
（各1片）

准备

用双面黏合衬贴合外层皮革和内页布料，按纸型裁剪。

制作方法

❶ 折叠两侧边的口袋部分，用胶水贴合。
❷ 上下侧开针孔，并手缝。
❸ 中央对折，呈 L 字形缝合，插入钱夹金具。

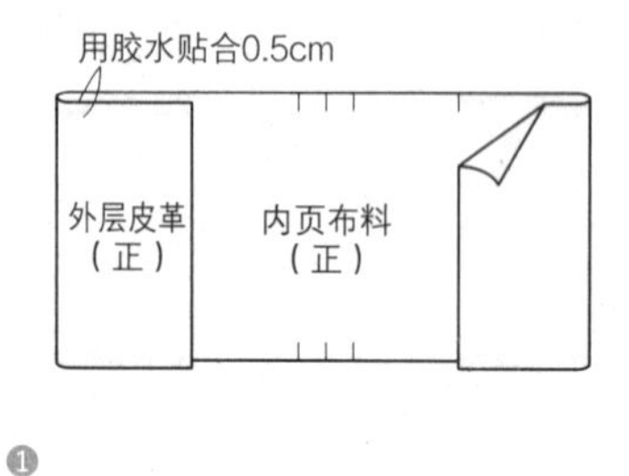

❶

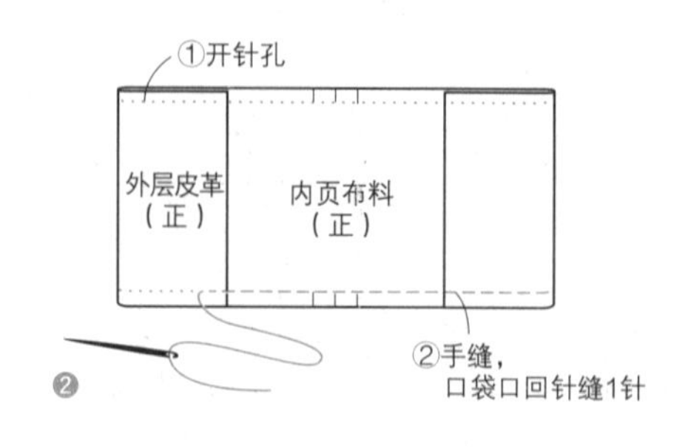

❷

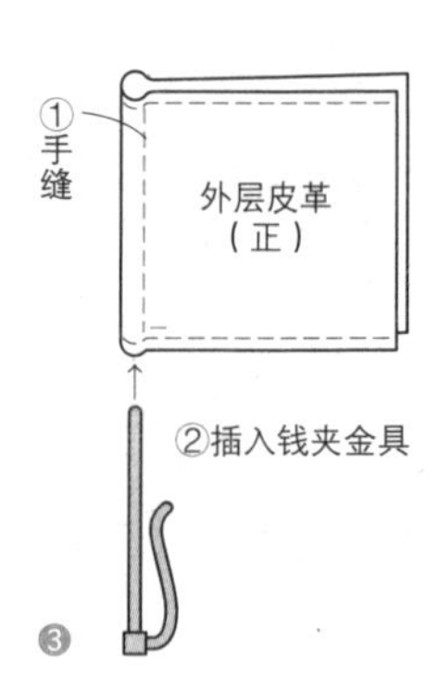

❸

A 布料 + 布料〔成品尺寸（对折时）：10cm × 9.5cm〕

材料

外层布料（亚麻・千鸟格）：32cm × 12cm
内页布料（亚麻・原色）：32cm × 12cm
薄黏合衬（无纺布）：32cm × 23cm
钱夹金具：长 8.9cm × 1 个（★）

B 皮革 + 布料〔成品尺寸（对折时）：10cm × 9.5cm〕

材料

外层皮革（厚度 0.7mm 牛皮）：32cm × 12cm
内页布料（棉布・印染）：32cm × 12cm
薄黏合衬（无纺布）：32cm × 12cm
钱夹金具：长 8.9cm × 1 个（★）

A・B 所需零件 纸型：第 94 页

A：外层布料・内页布料
B：外层皮革・内页布料
（各1片）

准备

A 直接将外层布料和内页布料按纸型裁剪。B 在内页布料的反面贴黏合衬，并按纸型裁剪。

制作方法

❶ 正面对合外层布料（外层皮革）和内页布料，缝合两侧边。

❷ 两侧边口袋部分折入内侧，留下翻口，缝合上下侧。使用皮革时，先缝合翻口，松开平缝的针脚。

❸ 从翻口翻到正面，缭缝翻口。皮革利用步骤②松开线的针孔进行缭缝。

❹ 中央对折，呈 L 字形缝合，插入钱夹金具（→参照第 66 页 - ③）。

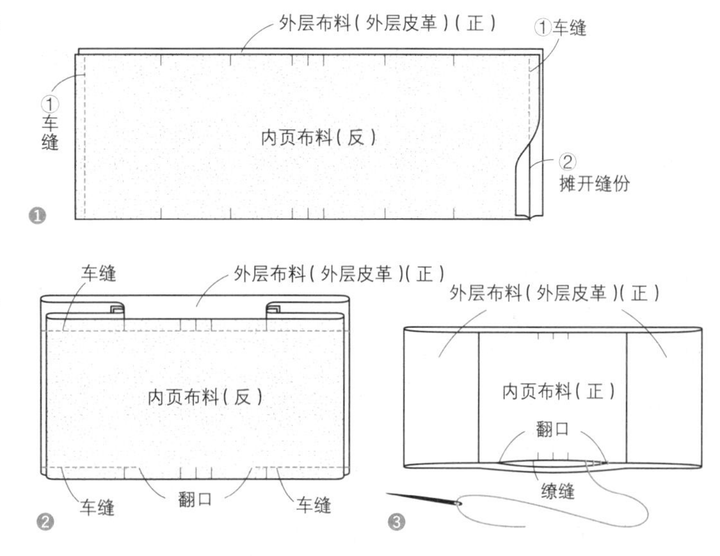

SUB ITEM 各种零钱包

C	皮革 + 布料〔成品尺寸：7.5cm × 3.5cm〕

材料

外层皮革（厚度 1.2mm 牛皮）：8cm × 8cm
内页布料（棉布・印染）：8cm × 8cm
双面黏合衬：8cm × 8cm
拉链：10cm × 1 根
麻线：适量

所需零件

纸型：第 90 页

制作方法 →参照第 53 页 -F

外层皮革
内页布料
（各1片）

A	布料 + 布料〔成品尺寸：8cm × 5.5cm〕

材料

外层布料（亚麻・千鸟格）：16cm × 16cm
内页布料（亚麻・原色）：16cm × 16cm
薄黏合衬（无纺布）：32cm × 16cm
四合扣：直径 9.8mm × 1 组

所需零件

纸型：第 95 页

制作方法 →参照第 46 页 -B

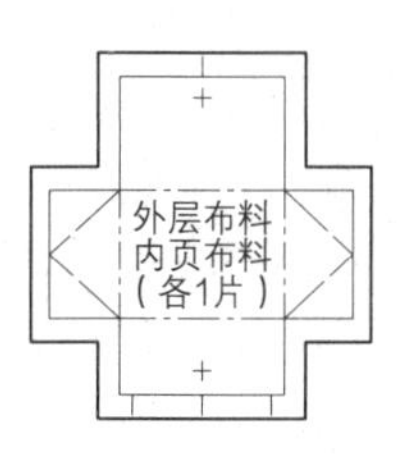

B	皮革 + 布料〔成品尺寸：8.5cm × 3.5cm〕

材料

外层皮革（厚度 0.7mm 牛皮）：11cm × 8cm
内页布料・拼块（棉布・印染）：11cm × 18cm
薄黏合衬（无纺布）：11cm × 12cm
双面黏合衬：8cm × 4cm
铜版纸：9cm × 8cm
蛤口金具：8.4cm × 3.3cm（F20）× 1 个（★）
纸绳：适量

所需零件

纸型：第 94 页

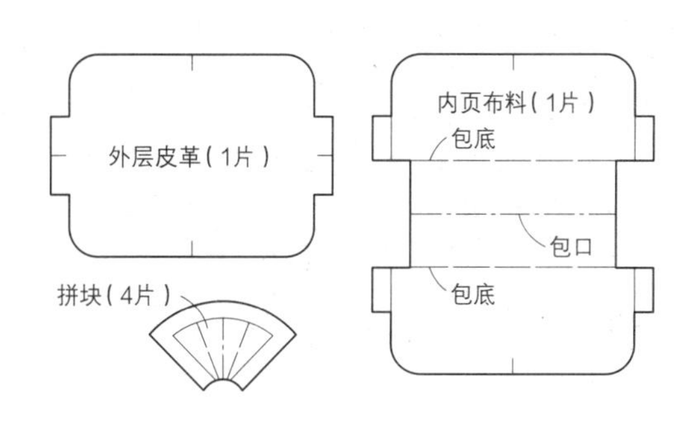

制作方法 →参照第 68 页 -A

16 带夹层的口金零钱包 P.15

只需印章袋用小口金，方便存放各种硬币。

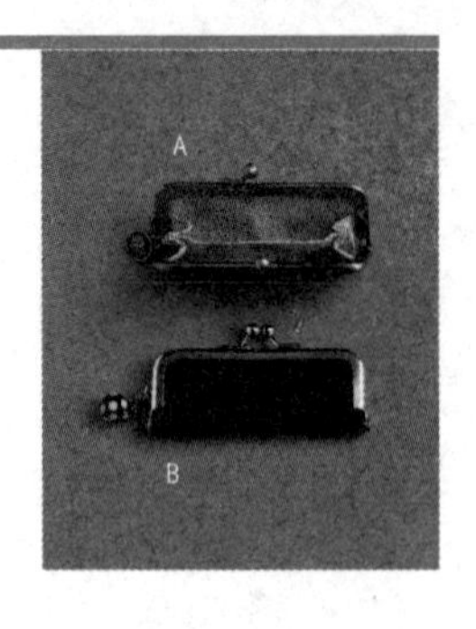

A 皮革 + 皮革 〔成品尺寸：8.5cm × 3.5cm〕

材料

外层皮革（厚度 0.8mm 牛皮）：11cm × 8cm
内页布料・拼块（棉布・波点）：11cm × 18cm
薄黏合衬（无纺布）：11cm × 12cm
双面黏合衬：8cm × 4cm
铜版纸：9cm × 8cm
蛤口口金：8.4cm × 3.3cm（F20）× 1 个（★）
纸绳：适量

B 布料 + 布料 〔成品尺寸：8.5cm × 3.5cm〕

材料

外层布料（丝绸）：11cm × 8cm
内页布料・拼块（麻布・波点）：11cm × 18cm
薄黏合衬（无纺布）：11cm × 12cm
双面黏合衬：8cm × 4cm
铜版纸：9cm × 8cm
蛤口口金：8.4cm × 3.3cm（F20）× 1 个（★）
纸绳：适量

A・B
所需零件

纸型：第 94 页

A：外层皮革（1片）
B：外层布料（1片）

A・B：内页布料（各1片）
包底
包口
包底

A・B：拼块（各4片）

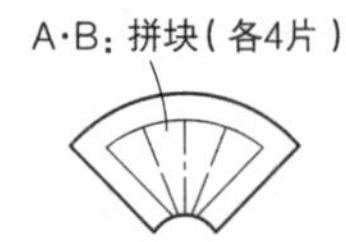

准备 ※A・B

A 直接用内页布料按纸型裁剪。B 在外层布料和内页布料的反面贴薄黏合衬，按纸型裁剪。A 及 B 的 2 片拼块均贴双面黏合衬。铜版纸比外层皮革（外层布料）的纸型稍大 1mm 裁剪，两侧的折份省略。

制作方法 ※A・B

❶ 折叠内页布料，两侧边的折份折入反面，
用胶水贴合。
❷ 以此方法，再制作另一个（→参照第 43 页 – 5 ）。
❸ 用拼块夹住内页布料的隔断部分的两侧边，
按 0.3cm 左右宽度缝合。
❹ 拼块两侧边的缝份重合于内页布料端部的缝份，
按 0.2cm 左右宽度缝合（→参照第 43 页 – 7 ）。
❺ 准备纸绳（→参照第 43 页 – 10 ）。
❻ 嵌入口金（→参照第 43 页 – 10 ）。

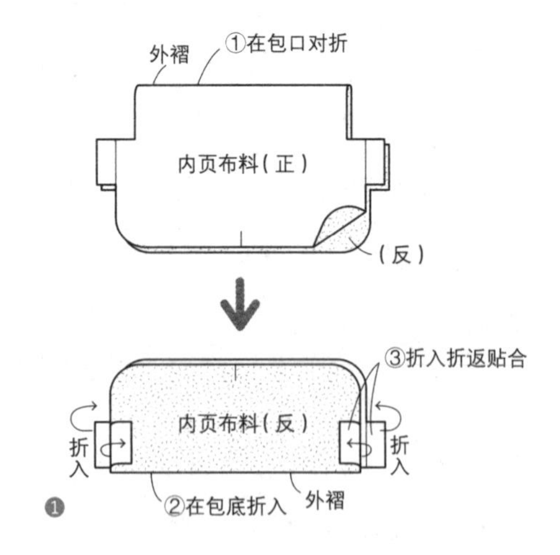

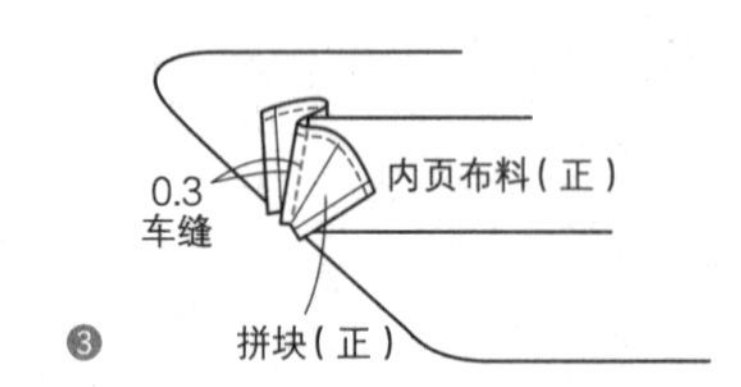

18 双拉链钱包 P.16

无需车缝，全部手缝完成。
拉链的拉片可以使用对折皮革，使用方便。

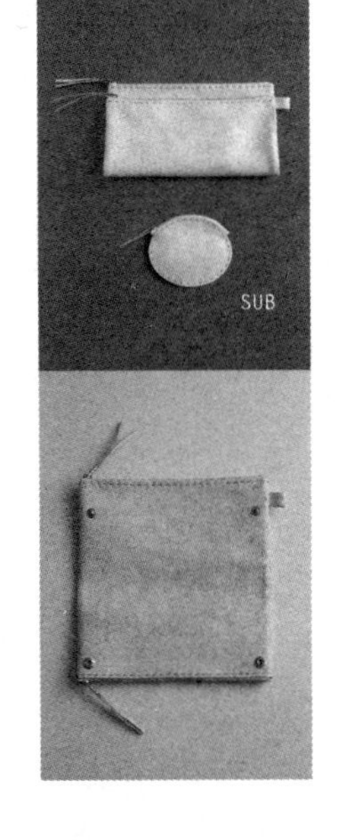

皮革 〔成品尺寸：21cm × 12cm〕

材料

外层皮革（厚度 1.2mm 牛皮）：25cm × 42cm
拉链：20cm × 2 根
四合扣：直径 12.5mm × 2 组
麻线：适量

准备

裁剪外层皮革、挂袢、拉片等零件。

制作方法

❶ 处理拉链的端部（→参照第 42 页 -[2] ④~⑦）。
❷ 在外层皮革的拉链固定位置开孔，手缝固定拉链。
❸ 正面对合 2 片外层皮革，其中一片的侧边夹住挂袢，车缝两侧边。
❹ 其中 1 片外层皮革侧固定四合扣。
❺ 拉片用皮革穿入拉片，手缝固定。

所需零件

纸型：后贴边②
※ 挂袢、拉片按图示尺寸裁剪。

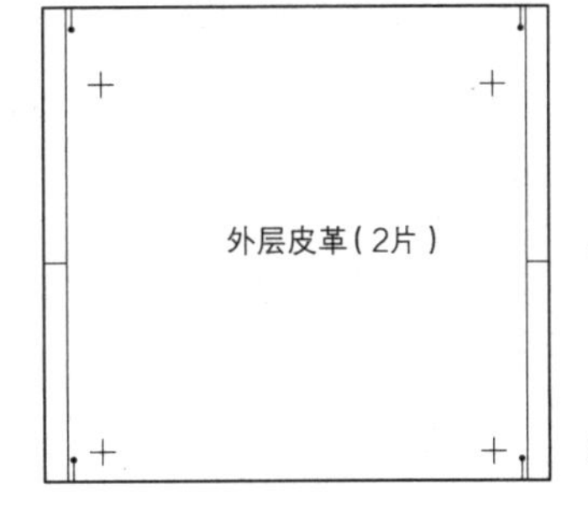

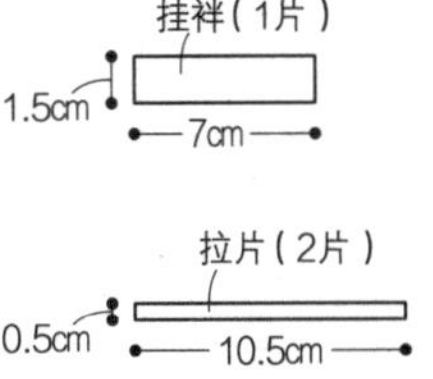

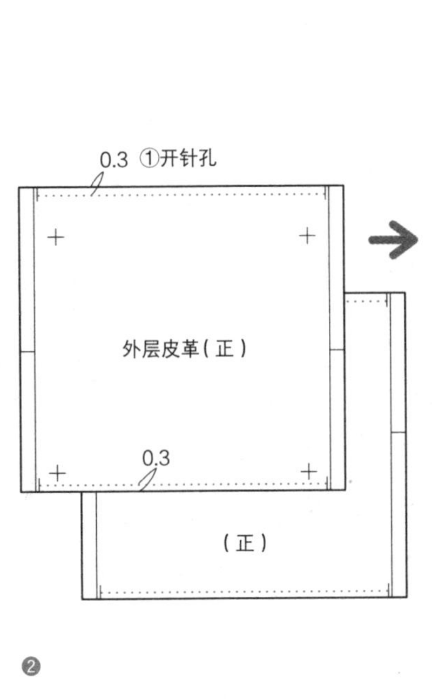

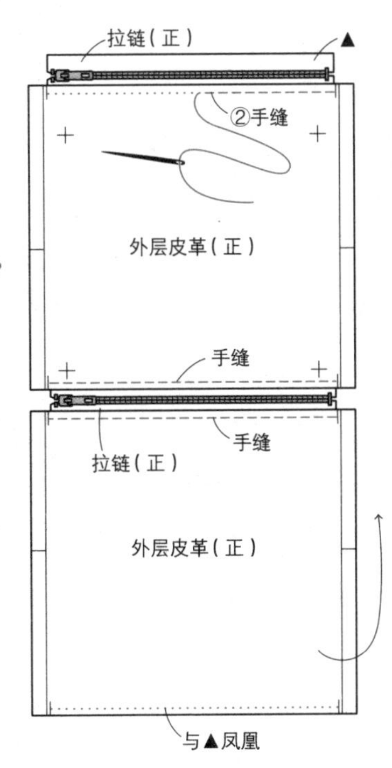

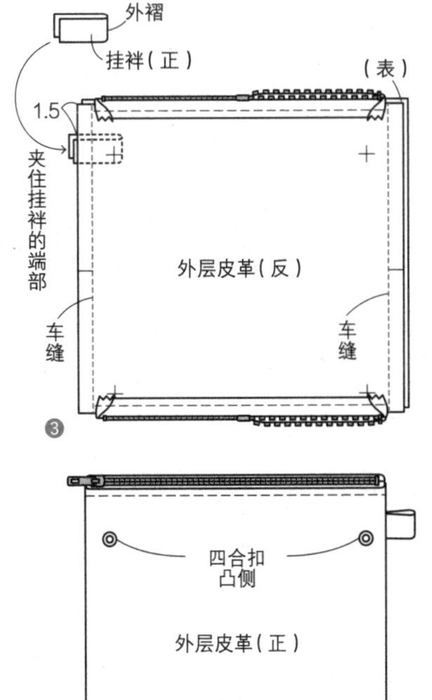

※SUB ITEM 的材料参照第 70 页→

SUB ITEM

椭圆形拉链零钱包

皮革〔成品尺寸：10cm×8cm〕

材料

外层皮革（厚度 1.2mm 牛皮）：22cm×9cm

拉链：10cm×1 根

麻线：适量

所需零件

纸型：第 90 页

※ 拉片按图示尺寸裁剪。

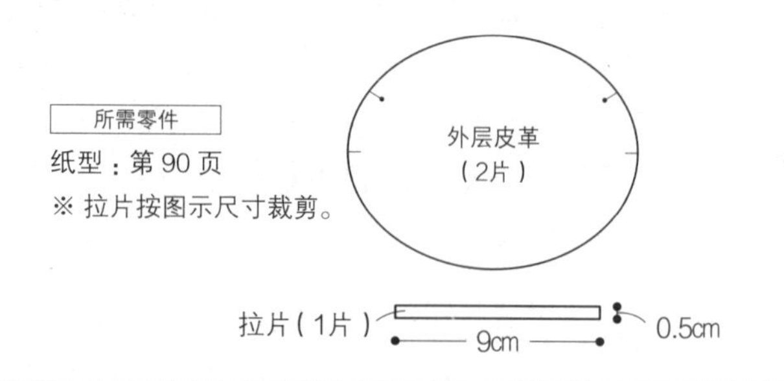

制作方法 →参照第 51 页 –A a、第 52 页 –B

20 信封钱包 P.18

A 是一款皮革小物件入门级作品。

B 的制作关键是弧线部分的缝份处理。

A 皮革〔成品尺寸：17.5cm×10.5cm〕

材料

外层皮革（厚度 1.5mm 牛皮）：18cm×30cm

木纽扣：直径 3cm×1 个

麻线：适量

纸型：封壳背面

纸型：封壳背面

外层皮革（1片）

包底

包口

制作方法

❶ 在外层皮革的包口侧开针孔，并手缝。

❷ 反面对折包底，用胶水贴合侧边。

❸ 在包底以外的 3 边开针孔，并手缝。

❹ 缝接纽扣。

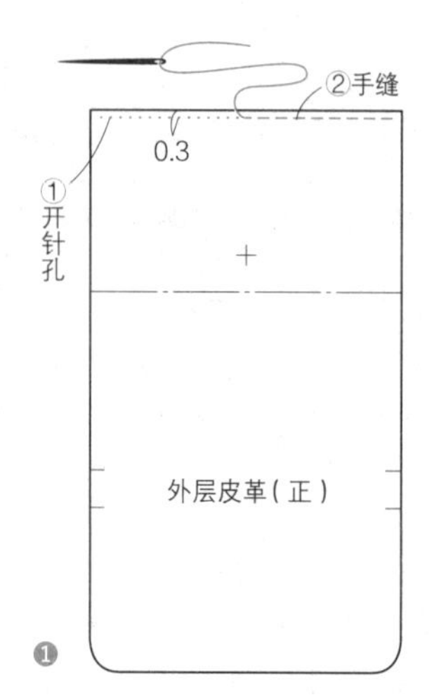

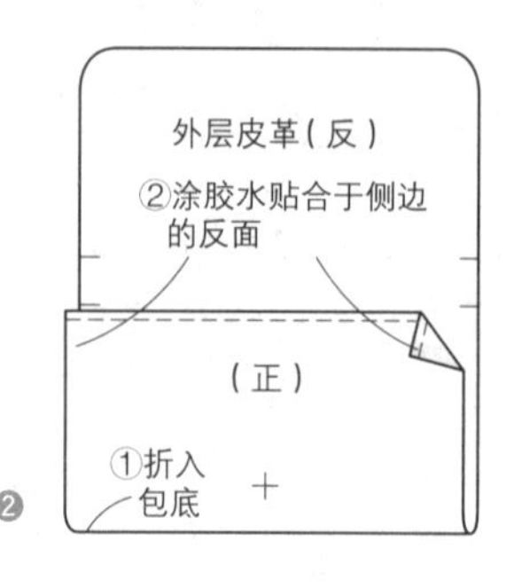

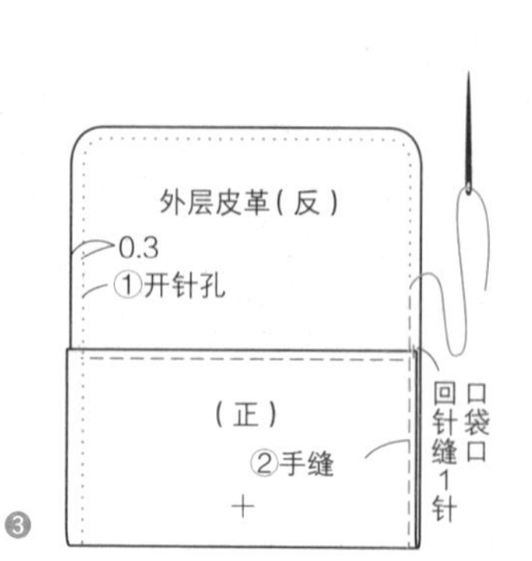

SUB ITEM

盒褶零钱包

皮革 〔成品尺寸：8cm×7cm〕

材料

外层皮革・贴边（厚度 1.5mm 牛皮）：16cm×20cm

木纽扣：直径 3cm×1 个

麻线：适量

制作方法 →参照第 37 页

※ 但是，最后手缝木纽扣，以代替四合扣。

B 布料 + 布料 〔成品尺寸：17cm×10cm〕

材料

外层布料（棉布・印染）：20cm×32cm

内页布料（棉布・格纹）：20cm×32cm

薄黏合衬（无纺布）：40cm×32cm

所需零件

纸型：封壳背面

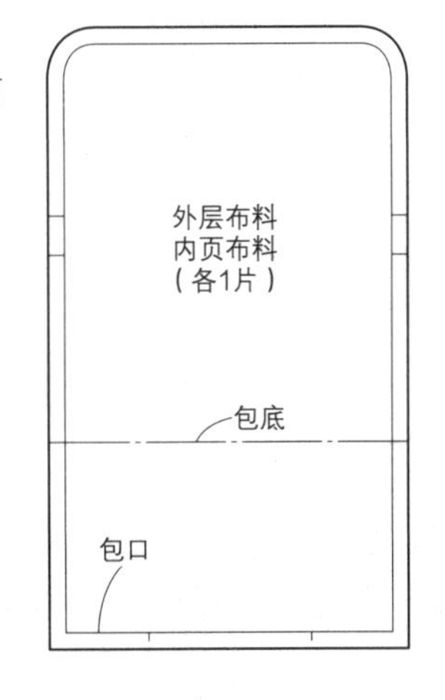

准备

外层布料、内页布料的反面贴黏合衬，按纸型裁剪。

制作方法

❶ 正面对合外层布料和内页布料，留下翻口，缝合包口。
摊开缝份，反面对合外层布料和内页布料。

❷ 沿着包底折入外层布料、内页布料，正面对合，
车缝包底以外的三边。
弧线部分的缝份加剪口。

❸ 从翻口翻到正面，调整形状后订缝翻口。

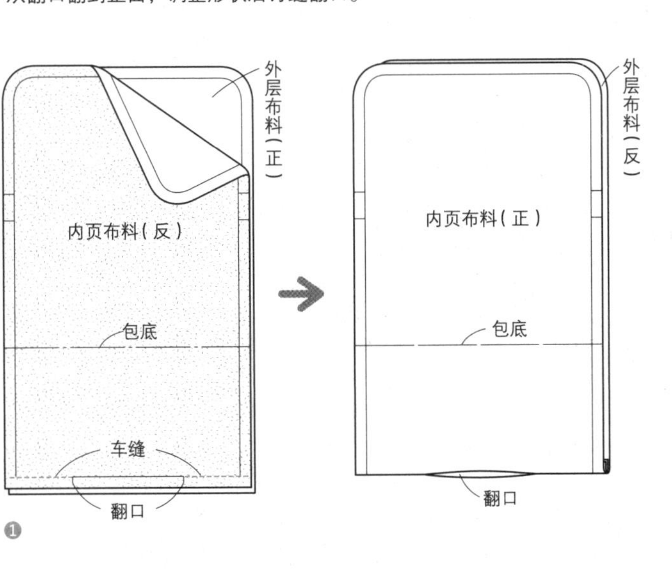

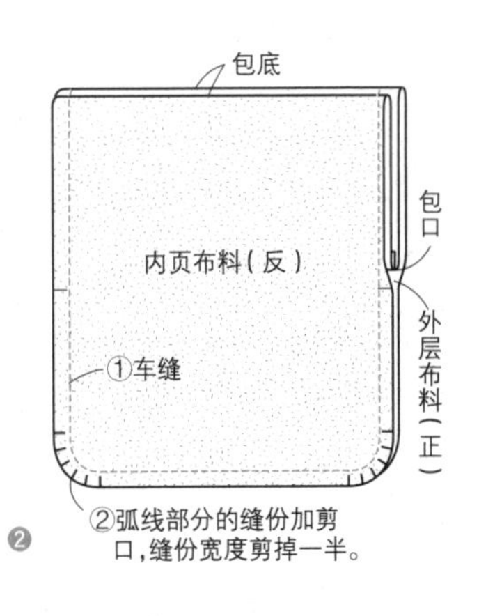

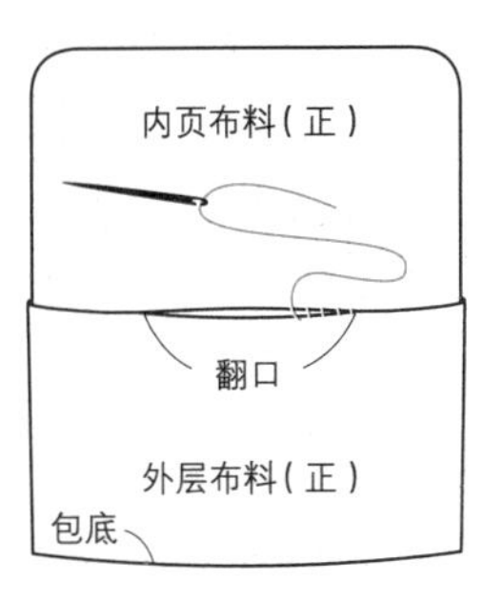

21 折叠钱包 P.19

翻口位于内袋的底部，
卡片袋的隔断位置如果缝合不正确，
卡片则无法插入。

A 皮革〔成品尺寸：17.5cm × 10.5cm〕

材料

外层皮革・口袋（厚度 1.2mm 牛皮）：18cm × 43cm
麻线：适量

所需零件

纸型：第 94 页

外层皮革（1片）
口袋（2片）

制作方法

❶ 口袋贴合于外层皮革的反面。
❷ 周围开针孔，并手缝。

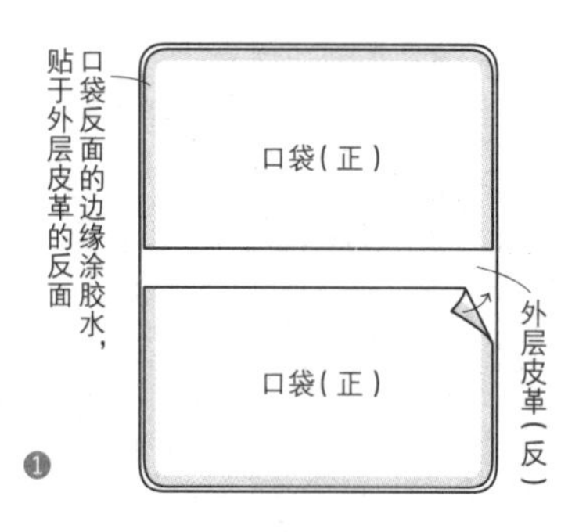

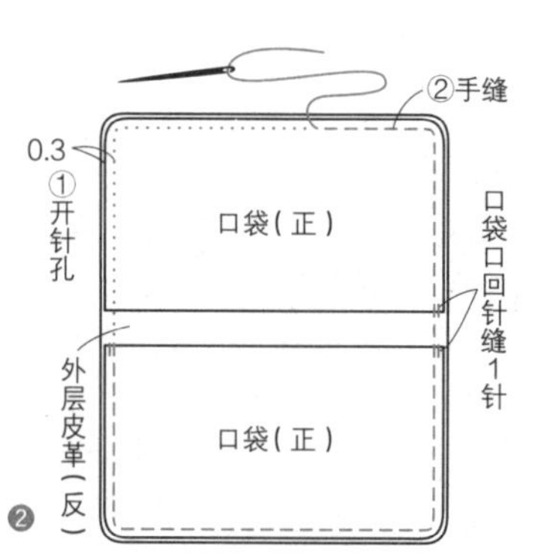

B 布料 + 布料 拉链袋款式〔成品尺寸：17cm × 10cm〕

材料

外层布料（棉布・印染）：20cm × 23cm
内页布料・开式口袋・拉链袋（棉纶・格纹）：39cm × 47cm
薄黏合衬（无纺布）：39cm × 58cm
拉链：20cm × 1 根

所需零件

纸型：第 94 页

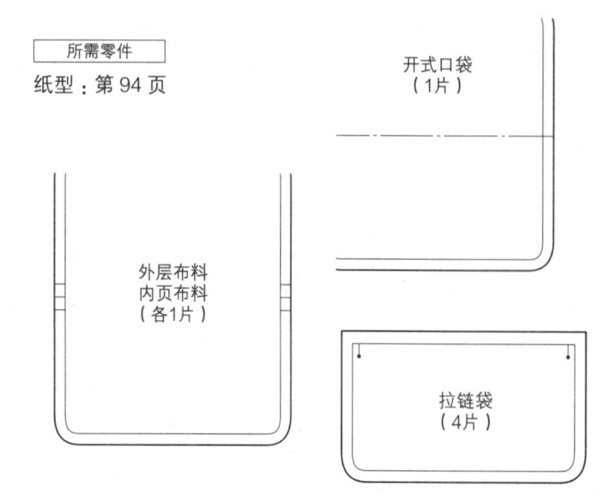

准备

外层布料、内页布料、口袋的反面贴黏合衬，
按纸型裁剪。

制作方法 →参照第 73 页 –C

❶ 反面对折开式口袋，
口袋口折边车缝。
❷ 拉链折成 16cm，处理端部（→参照第 41 页 –2）。
❸ 4 片拉链袋的袋口缝份折入反面，
2 片一组夹住拉链的两侧边（→参照第 42 页 –3）。
❹ 内页布料的翻口的缝份加剪口，翻口的缝份折入反面。
开式口袋和拉链袋重合于内页布料的正面
（参照第 73 页 – ③）。
❺ 正面对合外层布料和步骤④成品，缝合周围
（→参照第 45 页 –3）。
弧线部分的缝份加剪口。
❻ 从翻口翻到正面，订缝翻口。

C　布料＋布料　卡片袋款式〔成品尺寸：17cm×10cm〕

材料

外层布料（棉布・条纹）：22cm×23cm

内页布料・开式口袋・卡片袋

（棉布・格纹）：39cm×43cm

薄黏合衬（无纺布）：39cm×61cm

准备

外层布料、内页布料、口袋的反面贴黏合衬，

按纸型裁剪。

制作方法

❶ 2片开式口袋均反面对折，口袋口折边缝。
　卡片袋也按同样方法制作。

❷ 卡片袋重合于其中一片开式口袋，
　缝合2片隔断。

❸ 内页布料的翻口的缝份加剪口，
　翻口的缝份折入反面，口袋重合于正面。

❹ 正面对合外层布料和步骤③成品，
　缝合周围（→参照第45页－3）。
　弧线部分的缝份加剪口。

❺ 从翻口翻到正面，订缝翻口。

所需零件

纸型：第94页

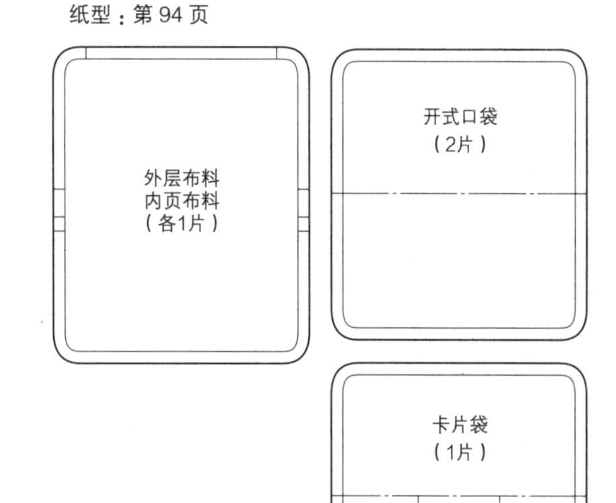

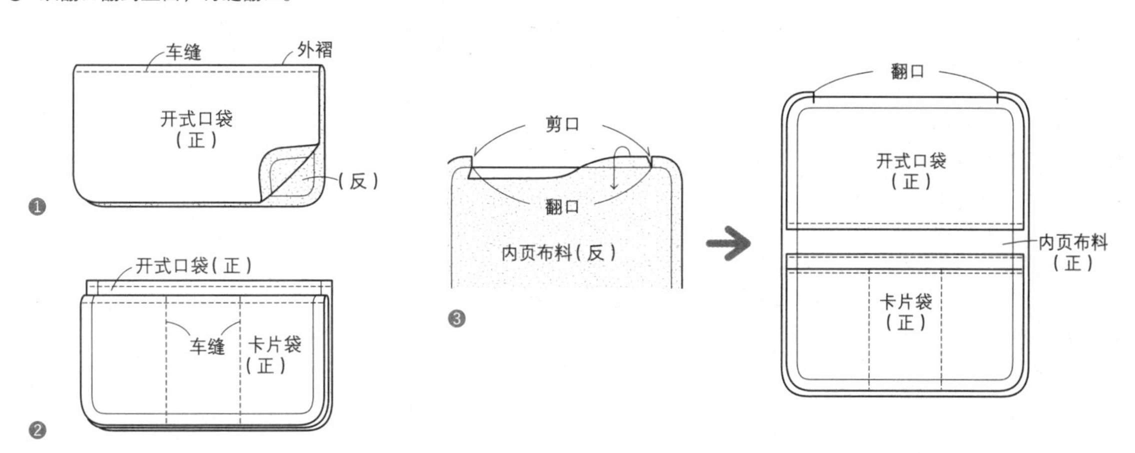

SUB ITEM　口金包

布料＋布料〔成品尺寸：10cm×6cm×2cm〕

材料

外层布料（棉布・条纹）：14cm×15cm

内页布料（棉布・格纹）：14cm×15cm

薄黏合衬（无纺布）：28cm×15cm

蛤口口金：7.6cm×3.8cm（F18）×1个（★）

纸绳：适量

制作方法→参照第56页－A

22 简款长钱包 P.20

内页布料尽可能薄，熨烫折叠卡片袋是制作关键。

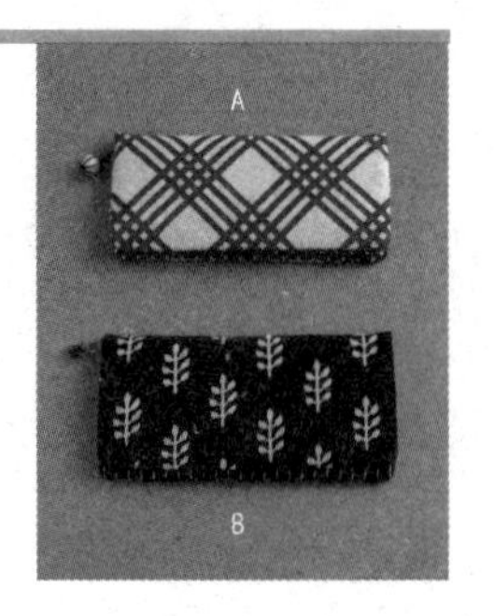

A 布料 + 布料 〔成品尺寸：19.5cm×9.5cm〕

材料

外层布料（亚麻混纺）：22cm×22cm

内页布料・卡片袋 a・卡片袋 b・

内口袋衬里（棉布・绸缎）：45cm×74cm

薄黏合衬（无纺布）：45cm×84cm

拉链：20cm×1 根

准备

外层布料、内页布料、口袋的反面贴黏合衬，

按纸型裁剪。

制作方法

❶ 拉链折成 18cm，处理端部（→参照第 41 页 -2）。

❷ 片袋 a、卡片袋 b 一起折叠，口袋口折边车缝。

缝合隔断（→参照第 41 页 -1）。

❸ 卡片袋 b 和内袋衬里（3 片）的袋口的缝份折入反面，

夹住拉链的两侧边（→参照第 42 页 -3）。

沿着拉链反面向内对折。

❹ 内页布料的翻口的缝份加剪口，翻口的缝份折入反面，

口袋 a・b 重合于正面，用胶水预固定缝份。

❺ 正面对合外层布料和步骤④成品，考虑对折时的内外

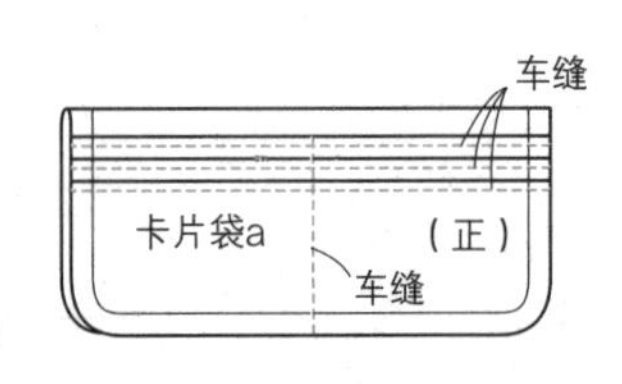

所需零件

纸型：第 91 页、封壳背面

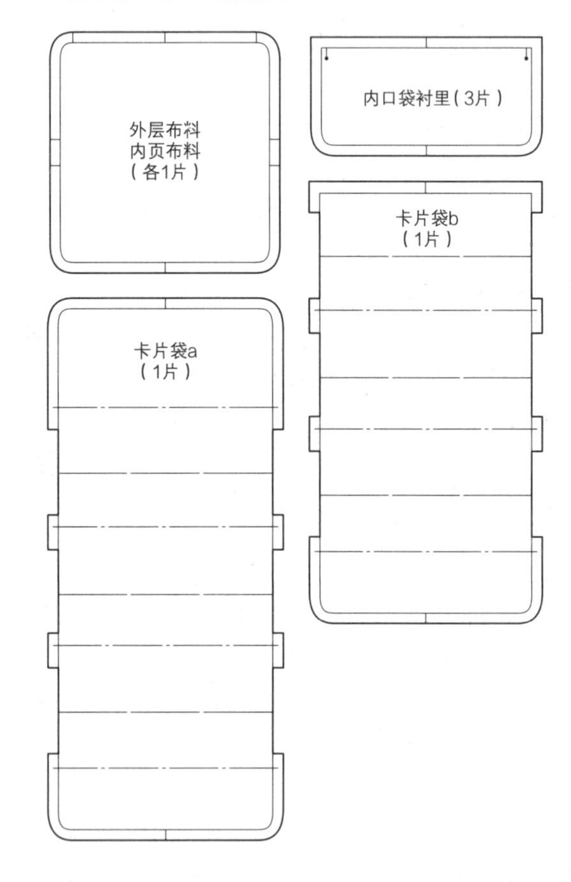

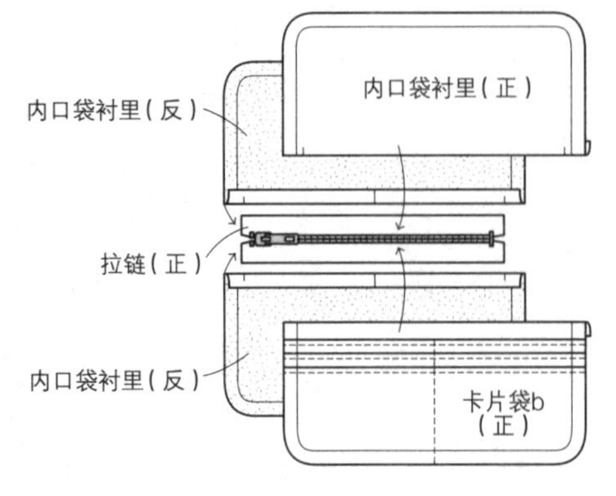

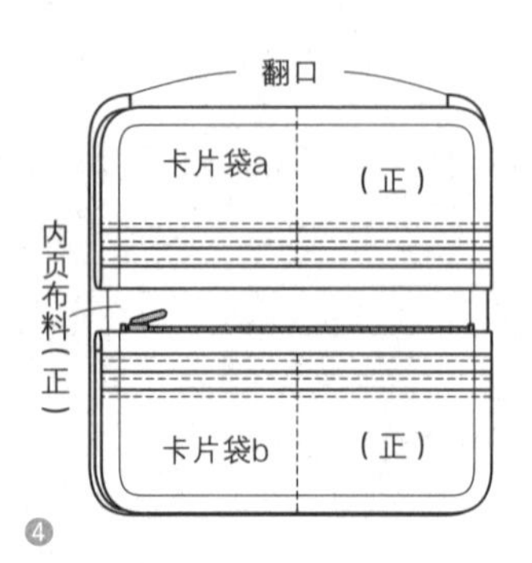

差，折弯中央部分，用胶水贴合周围的缝份（→参照第 43 页 –8）。

❻ 缝合周围，弧线部分的缝份加剪口。

❼ 翻到正面，订缝翻口。

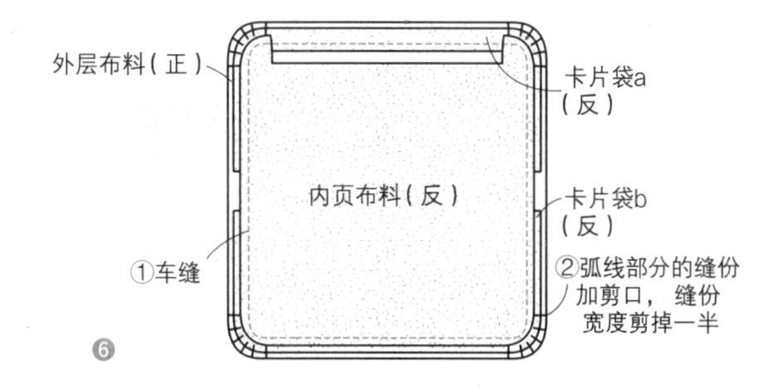

B 布料 + 布料 附带外口袋〔成品尺寸：19.5cm × 9.5cm〕

材料

外层布料・内页布料 b（印度棉）：22cm × 24cm

内页布料・卡片袋 a・卡片袋 b・外袋衬里・

内袋衬里（棉布・印染）：45cm × 82cm

薄黏合衬（无纺布）：45cm × 93cm

拉链：20cm × 1 根

准备

外层布料 a、外层布料 b、内页布料、口袋的反面贴黏合衬，按纸型裁剪。

制作方法

❶ 正面向内缝合外层布料 a、外层布料 b 和外袋衬里。沿着成品线折叠，口袋口折边车缝。

❷ 拉链折成 18cm，处理端部（→参照第 41 页 –2）。

❸ 卡片袋 a、卡片袋 b 一起折叠，口袋口折边车缝。缝合隔断（→参照第 41 页 –1）。

❹ 卡片袋 b 和内袋衬里（3 片）的袋口的缝份折入反面，夹住拉链的两侧边（→参照第 42 页 –3）。沿着拉链反面向内对折。

❺ 内页布料的翻口的缝份加剪口，翻口的缝份折入反面，口袋 a・b 重合于正面，用胶水预固定缝份（→参照第 74 页 – ④）。

❻ 正面对合外层布料和步骤⑤成品，考虑对折时的内外差，折弯中央部分，用胶水贴合周围的缝份（→参照第 43 页 –8）。

❼ 缝合周围，弧线部分的缝份加剪口（→参照第 74 页 – ⑥）。

❽ 翻到正面，订缝翻口。

所需零件 纸型：第 91 页、封壳背面

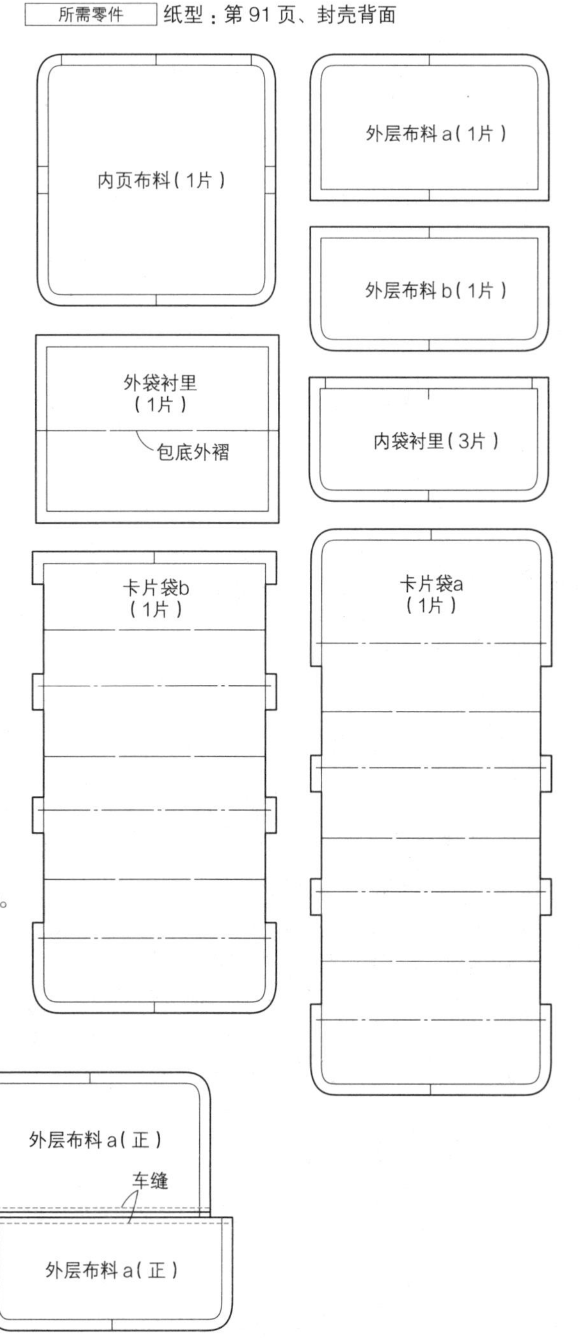

车缝
外口袋衬里
（正）
外层布料 a（反）
❶ 外层布料 b（反）
车缝
外层布料 a（正）
车缝
外层布料 a（正）
外口袋衬里
（正）

23 口金长钱包 P.22

本款钱包方便制作，外层可使用厚材料，回针缝也很轻松。
也适合使用装饰织物、装饰带等。

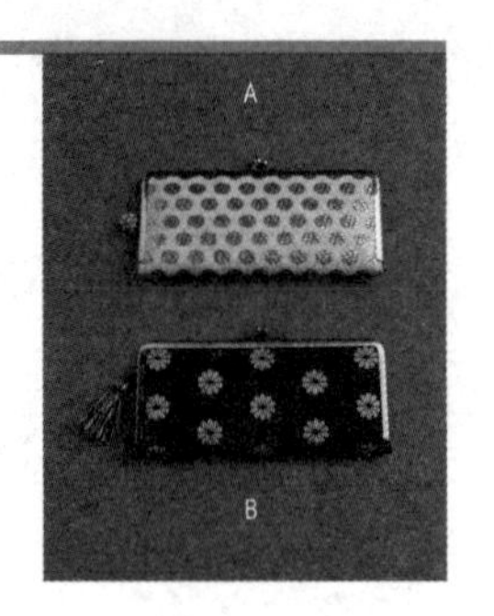

A 皮革 + 布料〔成品尺寸：21.5cm × 10cm〕

材料

外层皮革（厚度 1.1mm 牛皮）：24cm × 21cm
卡片袋・拉链袋・拼块（棉布・格纹）：42cm × 78cm
薄黏合衬（无纺布）：42cm × 78cm
双面黏合衬：20cm × 10cm
铜版纸：22cm × 21cm
拉链：20cm × 1 根
蛤口口金：21.5cm × 9.5cm（N）× 1 个（☆）
纸绳：适量

制作方法 →参照第 41 页

B 布料 + 布料〔成品尺寸：21.5cm × 10cm〕

材料

外层布料（丝绸・丝带）：24cm × 21cm
卡片袋・隔断 a・隔断 b・拼块 <大>・
拼块 <中>・拼块 <小>（棉布・条纹）：45cm × 90cm
薄黏合衬（无纺布）：45cm × 78cm
双面黏合衬：20cm × 20cm
铜版纸：22cm × 21cm
蛤口口金：21.5cm × 9.5cm（AT）× 1 个（☆）
纸绳：适量

准备

外层布料・卡片袋・隔断 a・隔断 b 的反面贴薄黏合衬，按纸型裁剪。
拼块 <大>・拼块 <中>・拼块 <小> 各 1 片的反面贴双面黏合衬，按纸型裁剪。
铜版纸按外层布料纸型稍大 2mm 裁剪，
两侧边的缝份省略。

所需零件

纸型：第 92 页、封壳背面

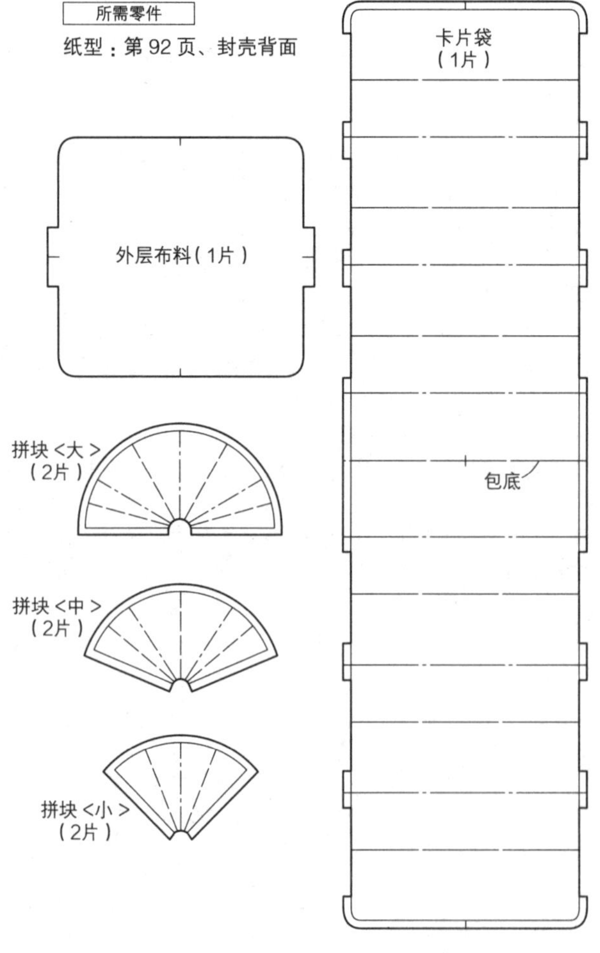

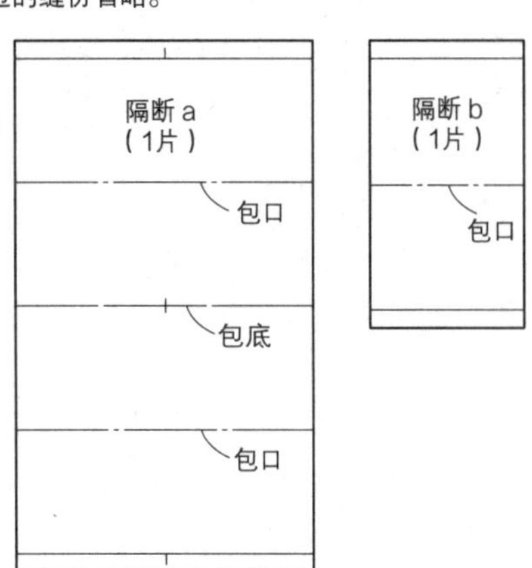

制作方法

❶ 折叠卡片袋，袋口折边车缝。缝合隔断（→参照第 41 页 – 1 ）。

❷ 正面对折缝合隔断 a，摊开缝份。
翻到正面，以针脚为中央折叠，包口的折山侧折边车缝。

❸ 正面对折缝合隔断 b，摊开缝份。
翻到正面，包口的折山侧折边车缝。

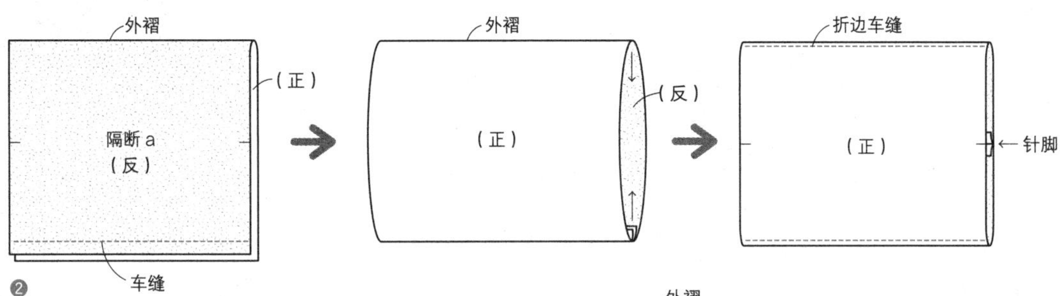

❹ 隔断 b 重合于隔断 a 的中央，缝接。

❺ 拼块 2 片一组正面对合，缝合弧线部分，翻到正面。< 小 > 沿着成品线折入两侧边，< 中 >< 大 > 的两侧边直接折叠，仅弧线部分折边车缝后折叠（→参照第 43 页 – 5 ）。

❻ 用拼块 < 小 > 夹住隔断 b 内侧的端部，按 0.5cm 左右宽度缝合。拼块 < 小 > 的两侧边重合于隔断 a 的中央，按 0.2cm 左右宽度缝合。

❼ 用拼块 < 大 > 夹住缝合隔断 b 的另一个端部，接着隔断 a 的端部同样夹住缝合。同样，用拼块 < 中 > 夹住缝合隔断 a 的另一个端部。

❽ 拼块 < 大 >、拼块 < 中 > 的两侧边的缝份重合于卡片袋的端部缝份，按 0.2cm 左右宽度缝合（→参照第 43 页 – 7 ）。

❾ 铜版纸贴合于外层布料（→参照第 43 页 – 8 ），重合步骤❽成品，用胶水贴合（→参照第 43 页 – 9 ）。

❿ 准备纸绳，嵌入口金（→参照第 43 页 – 10 ）。

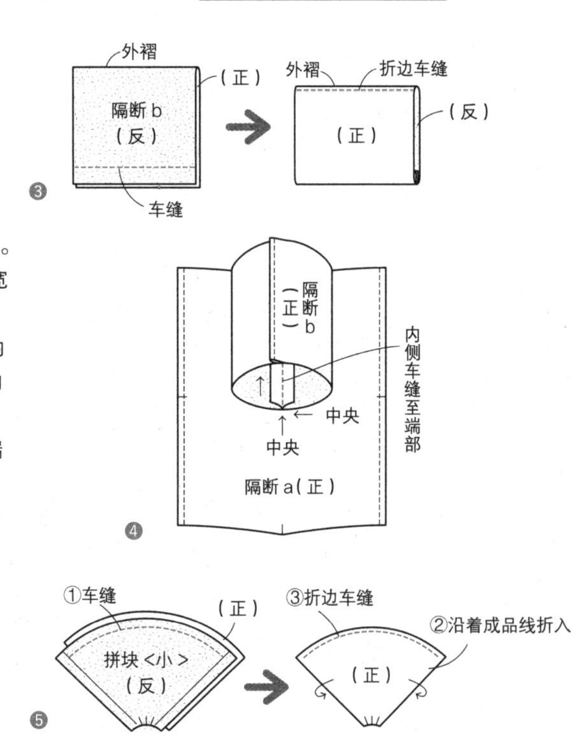

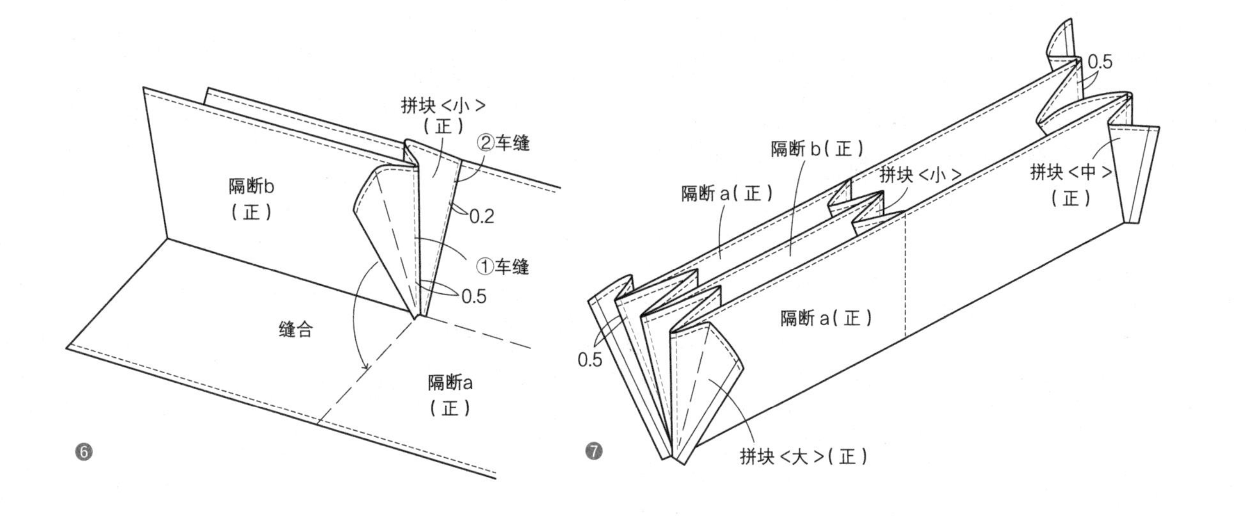

24 圆底拉链长钱包 P.24

外侧和内侧分别制作，最后手缝合一。
拉链周围为手缝，制作方法简单。

皮革 + 布料 〔成品尺寸：20.5cm × 9.5cm〕

材料

外层皮革（厚度 1.8mm 牛皮）：21cm × 20cm
卡片袋・拉链袋・拼块
（薄亚麻布・波点）：42cm × 78cm
薄黏合衬（无纺布）：42cm × 78cm
双面黏合衬：20cm × 10cm
拉链：20cm、40cm 各 1 根
麻线：适量

准备

外层皮革直接按纸型裁剪，卡片袋・拉链袋的反面贴黏合衬，再按纸型裁剪。2 片拼块的反面贴双面黏合衬，并裁剪。

制作方法

❶ 折叠卡片袋，袋口折边车缝。缝合隔断（→参照第 41 页 -1）。
❷ 20 的拉链折成 18cm，40cm 的拉链折成 36cm，处理端部（→参照第 41 页 -2）。
❸ 18cm 的拉链缝接于拉链袋（→参照第 42 页 -3）。
❹ 拉链带重合缝接于卡片袋的中央（→参照第 42 页 -4）。
❺ 正面对合 2 片拼块（贴双面黏合衬和未贴合双面黏合衬），缝合弧线部分。翻到正面，弧线部分折边车缝后折叠。另外再制作一个（→参照第 43 页 -5）。
❻ 用拼块夹住拉链袋的两侧边，按 0.5cm 左右宽度缝合（→参照第 43 页 -6）。
❼ 用拼块两侧边的缝份夹住贴合卡片袋的两侧边（→参照第 81 页 -5）。卡片袋的缝份折入反面。边角部分多余的缝份剪掉，细密缩褶制作圆角。缝合拼块的两侧边（→参照第 81 页 -9）。
❽ 外层皮革的周围开针孔，手缝固定 36cm 的拉链。
❾ 卡片袋重合于外层皮革的反面，挑起折山，缭缝于拉链布带。

所需零件

纸型：第 92 页及第 93 页、封壳背面

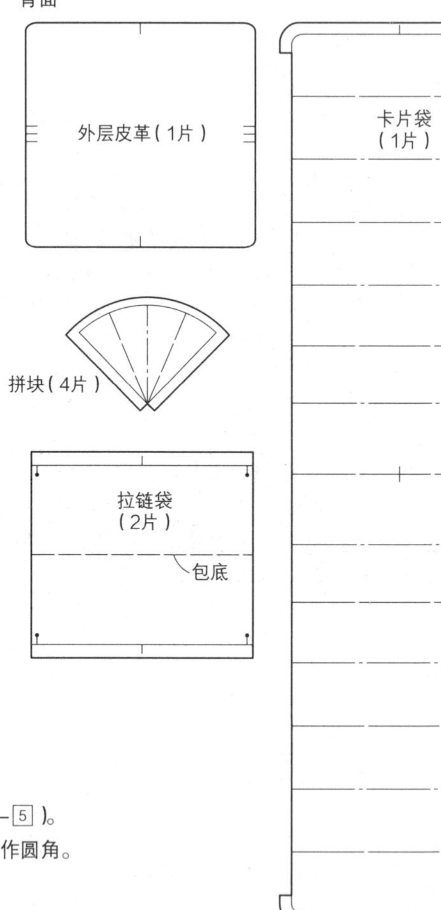

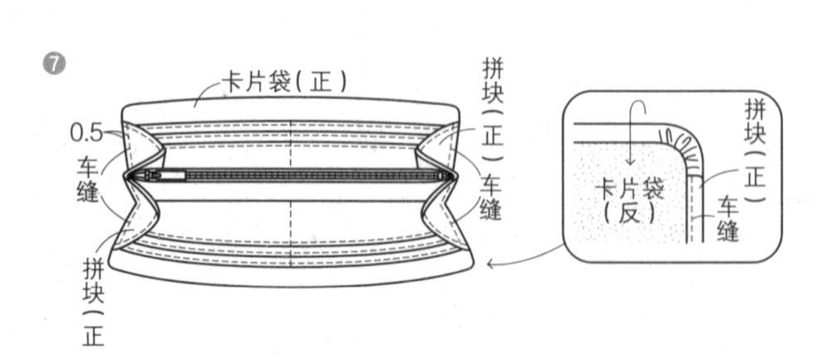

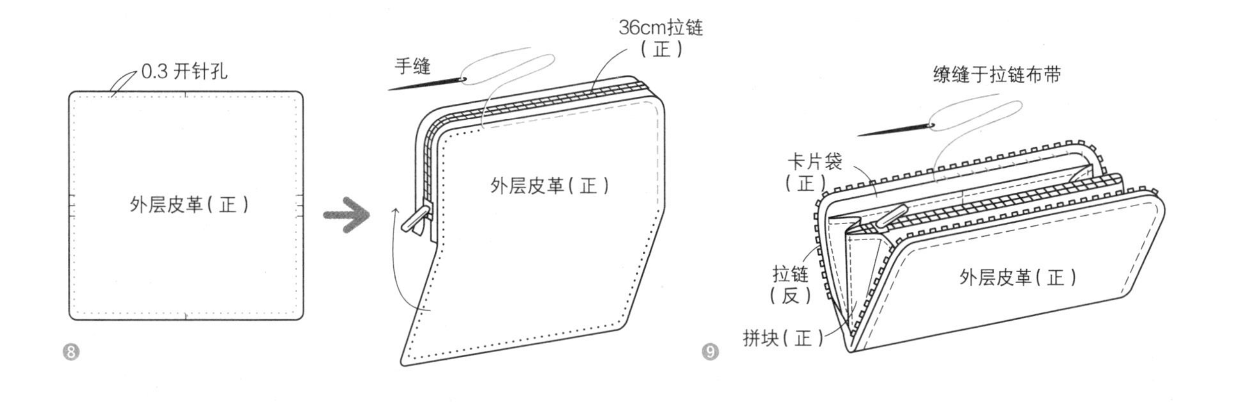

SUB ITEM 带夹层的拉链零钱包

皮革＋布料〔成品尺寸：10cm×6.5cm〕

所需零件

纸型：第 92 页及第 93 页

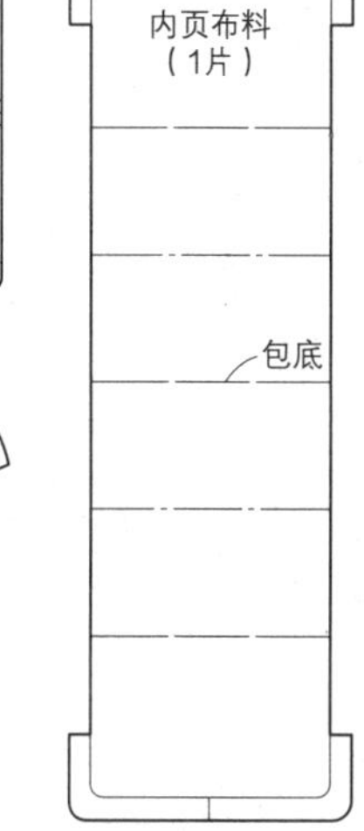

材料

外层皮革（厚度 1.8mm）：11cm×14cm

内页布料・拼块（薄亚麻布・波点）：23cm×34cm

薄黏合衬（无纺布）：12cm×34cm

双面黏合衬：13cm×10cm

拉链：20cm×1 根

麻线：适量

准备

外层皮革直接按纸型裁剪，内页布料的反面贴薄黏合衬，再按纸型裁剪。

2 片拼块的反面贴双面黏合衬之后裁剪。

制作方法

❶ 折叠内页布料，折山侧折边车缝。

❷ 正面对合 2 片拼块（贴双面黏合衬和未贴合双面黏合衬），缝合弧线部分。
翻到正面，弧线部分折边车缝后折叠。
另外再制作一个（→参照第 43 页－5）。

❸ 用拼块夹住拉链袋的两侧边，按 0.3cm 左右宽度缝合（→参照第 43 页－6）。

❹ 用拼块两侧边的缝份重合于内页布料端部的缝份，按 0.2cm 左右宽度缝合。
（→参照第 43 页－7）。
内页布料的缝份折入反面，边角部分多余的缝份剪掉，
细密均匀缩褶制作圆角。

❺ 处理拉链的端部（→参照第 42 页－2 ④～⑦）。

❻ 外层皮革的周围开针孔，手缝固定拉链（→参照第 79 页－⑧上图）

❼ 内页布料重合于外层皮革的反面，挑起折山，缭缝于拉链布带
（→参照第 79 页－⑨上图）。

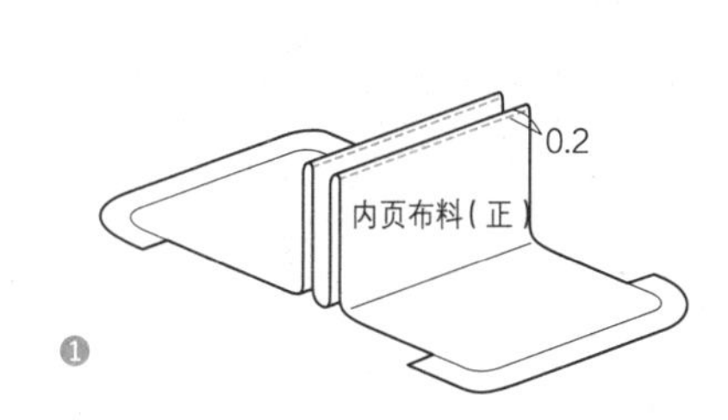

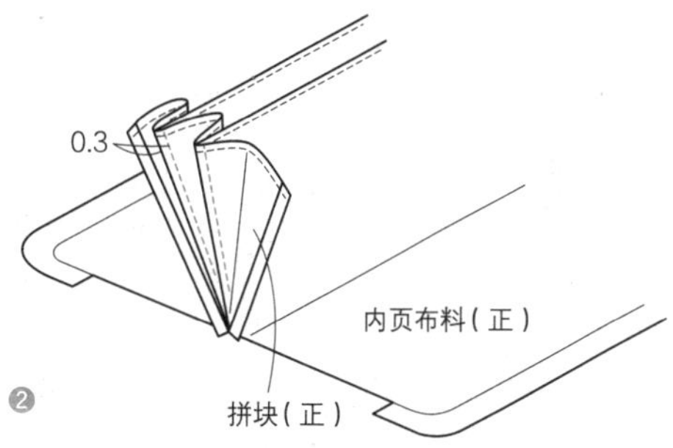

25 手拿包 P.26

容量大，四合扣位置可任意改变，或装上两个四合扣。

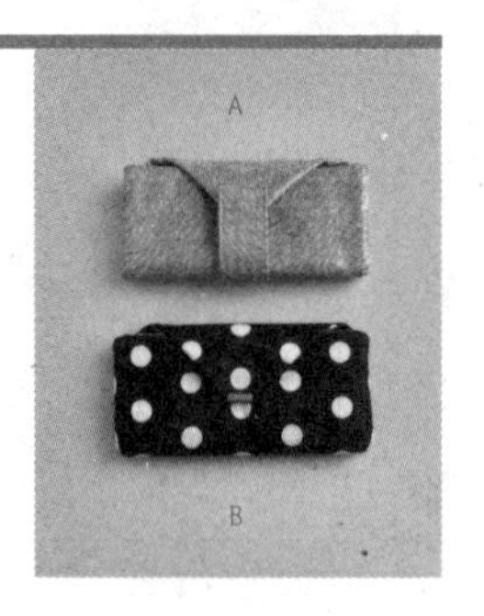

A 皮革 + 布料 〔成品尺寸：20cm × 10.5cm〕

材料

外层皮革・搭头・外拼块 a（厚度 0.7mm 牛皮）：42cm × 31cm

内页布料・卡片袋・纸币袋・内拼块 a・拼块 b（丝绸・衣料）：44cm × 90cm

薄黏合衬（无纺布）：44cm × 90cm

双面黏合衬：15cm × 10cm

四合扣：直径 9mm × 1mm

B 布料 + 布料 〔成品尺寸：20cm × 10.5cm〕

材料

外层皮革・搭头・外拼块 a（亚麻布・波点）：34cm × 31cm

内页布料・卡片袋・纸币袋・内拼块 a・拼块 b（条纹）：44cm × 90cm

薄黏合衬（无纺布）：44cm × 90cm

双面黏合衬：15cm × 10cm

四合扣：直径 18mm × 1mm

准备 ※A、B

外层皮革（外层布料）、内页布料・卡片袋・纸币袋・内拼块 a 的反面贴薄黏合衬，按纸型裁剪。

2 片拼块 b 的反面贴双面黏合衬之后裁剪。

A・B 所需零件

但是，仅 A 需要搭头。

纸型：第 93 页及封壳背面

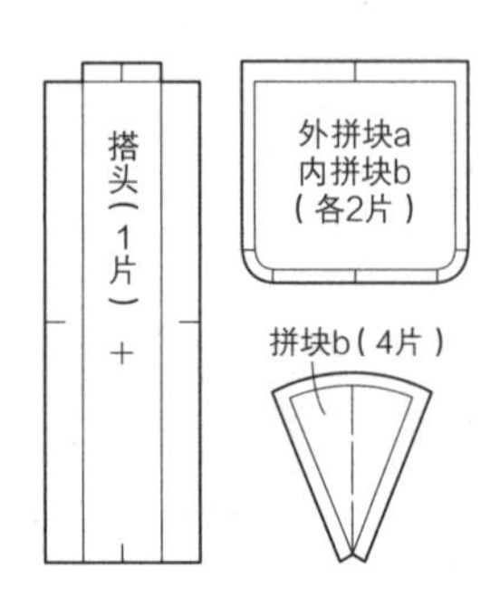

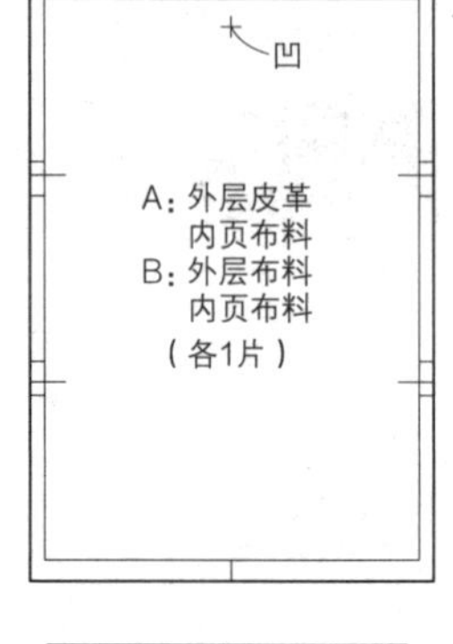

纸币袋
外层布料・内页布料
（各1片）
包底

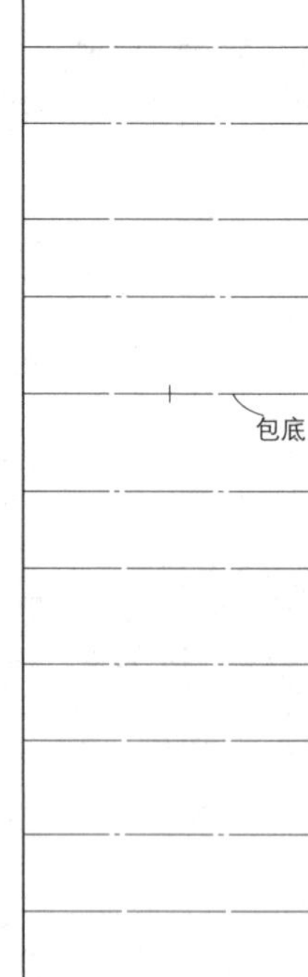

制作方法

❶ A 的搭头侧固定四合扣（→参照第 38 页 –5），搭头缝接于外层皮革。外层皮革的四合扣固定位置标记。

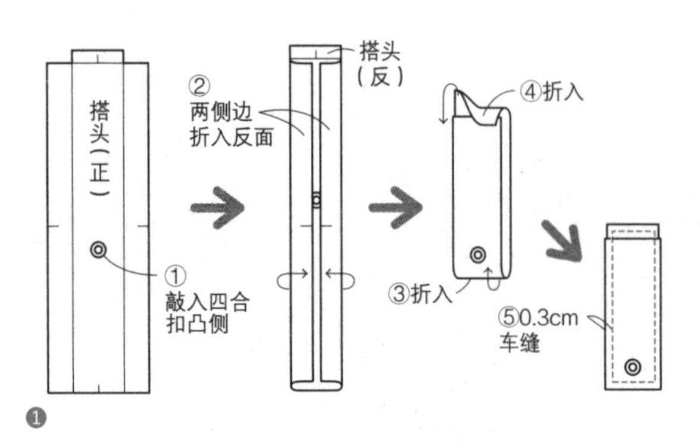

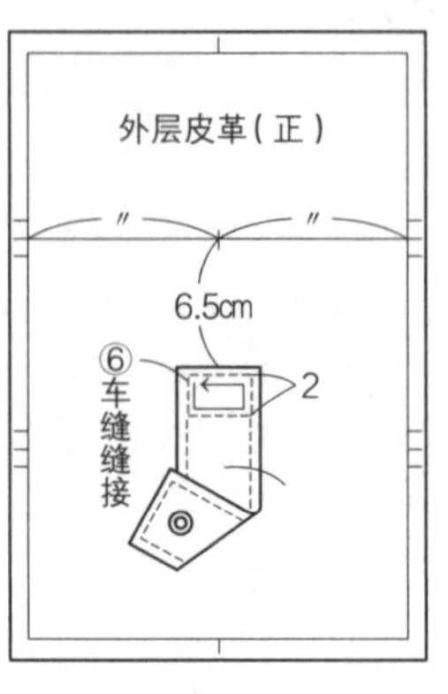

❶

❷ 正面向内缝合外层皮革（外层布料）和外拼块 a。
内页布料和内拼块 a 也按同样方法制作。

❸ 折叠卡片袋，袋口折边车缝。缝合隔断（→参照第 41 页 -1）。

❹ 正面对合 2 片拼块(贴双面黏合衬和未贴合双面黏合衬)，缝合弧线部分。
翻到正面，弧线部分折边车缝后折叠。
另外再制作一个（→参照第 43 页 -5）。

❺ 用拼块 b 的两侧边的缝份夹住贴合卡片袋的两侧边。

❻ 正面向内缝合卡片袋的上端 2 个边和纸币袋。

❼ 沿着包底正面对折纸币袋内页布料，缝合两侧边，
上端的缝份 2 片一并压向纸币袋内页布料的包底侧。
侧边缝份的包底侧加剪口后摊开，分别压向反面，用胶水贴合。

❽ 用胶水将纸币袋外层布料的侧边的缝份贴合于反面。
包住步骤⑦的纸币袋内页布料和卡片袋，用胶水贴合两侧边的端部。

❾ 缝合拼块 b 的两侧边。

❿ 纸币袋外层布料的上端缝份重合缝于内页布料的较长一边
（背面侧）的缝份。

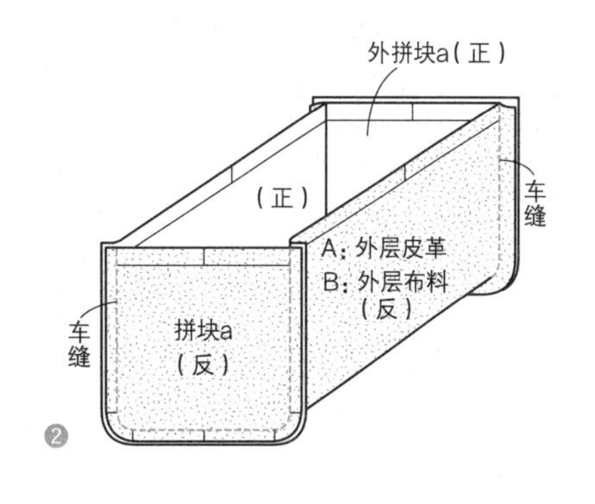

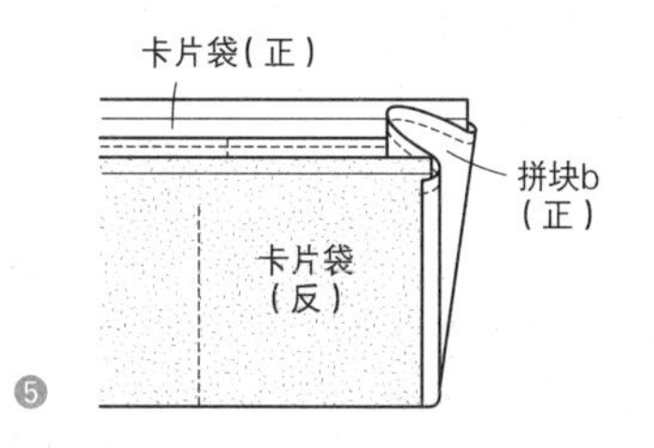

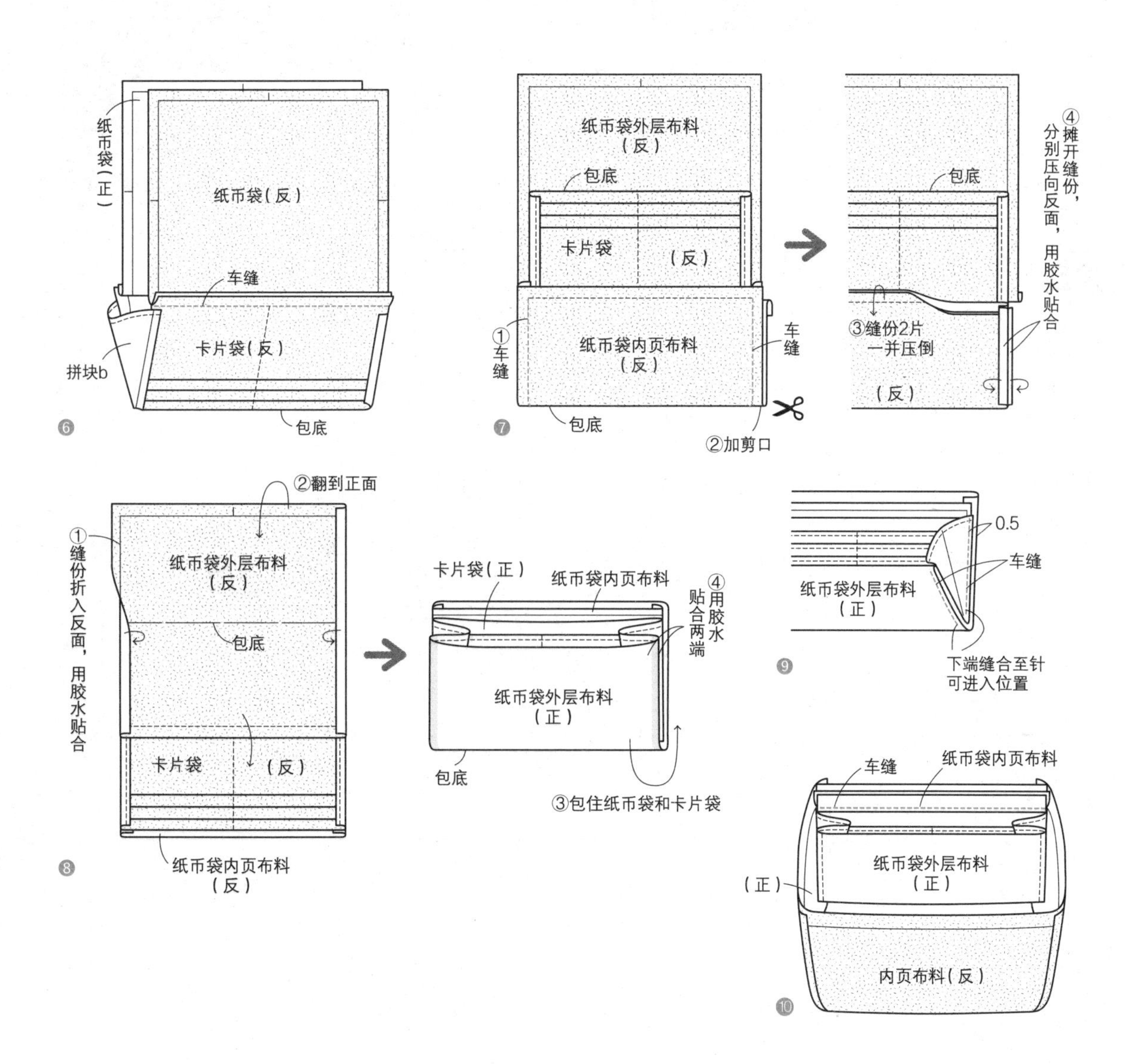

⑪ 正面对合步骤⑩成品和外层皮革（外层布料），缝合带口袋一侧的长边（背面侧）。

⑫ 翻到正面，反面向内重合，调整形状。确认外层皮革的四合扣固定位置，修正后固定四合扣凹侧（→参照第 38 页 –5）。沿着成品线折入包口剩余的 3 边，包口缝合一周。B 固定皮革四合扣凸侧（→参照第 38 页 –5 及 第 45 页 –4）。

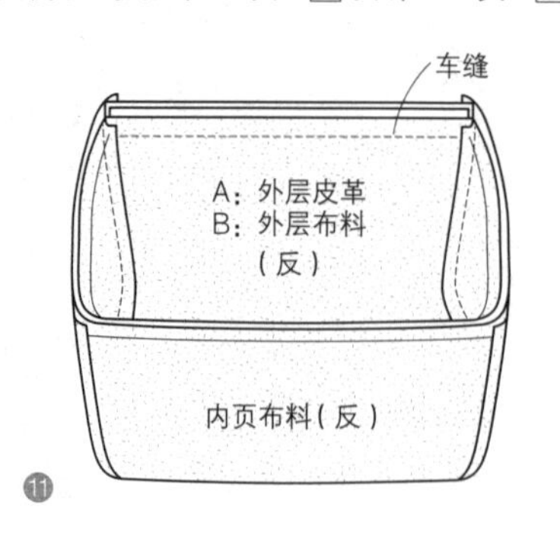

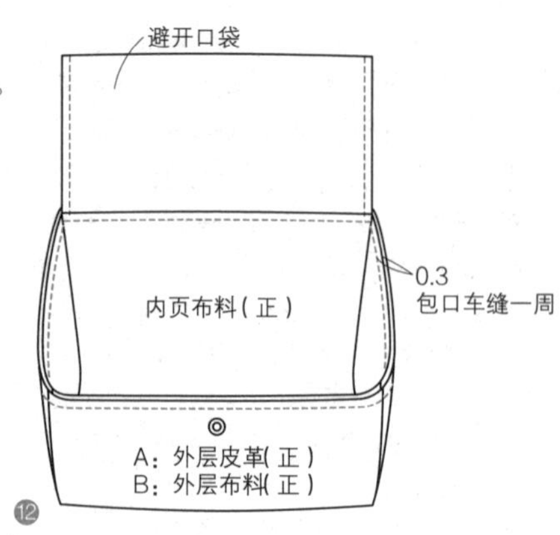

26 对折钱包 P.28

零钱包仅缝合三边，剩余一边开口，成为隐藏口袋。
开口位置可选择自己认为方便的方向。

A 布料 + 皮革〔成品尺寸：10cm × 10cm〕

材料

外层布料（华夫格布・条纹）：23cm × 12cm
卡片袋・纸币袋（棉布・印染）：44cm × 49cm
零钱包外层皮革 <大>・零钱包外层皮革 <小>・挂袢・拉片装饰（厚度 0.9mm 牛皮）：20cm × 10cm
薄黏合衬（无纺布）：44cm × 49cm
拉链：10cm × 1 根
麻线：适量

所需零件〔零钱包〕

纸型：第 90 页
※ 挂袢及拉片装饰依照图示尺寸裁剪。

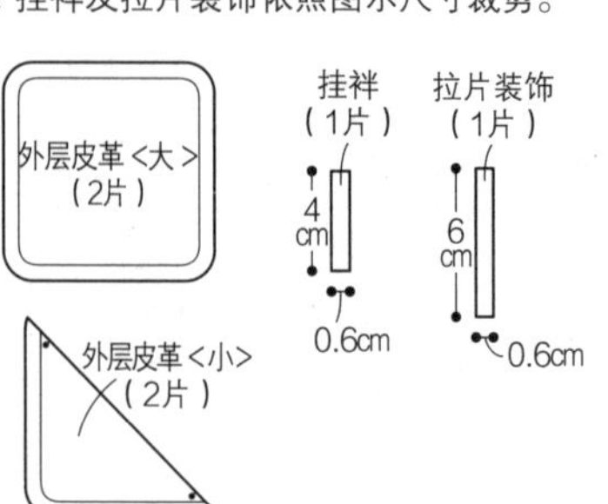

纸币袋 A ~ D 所需零件

纸型：封壳背面

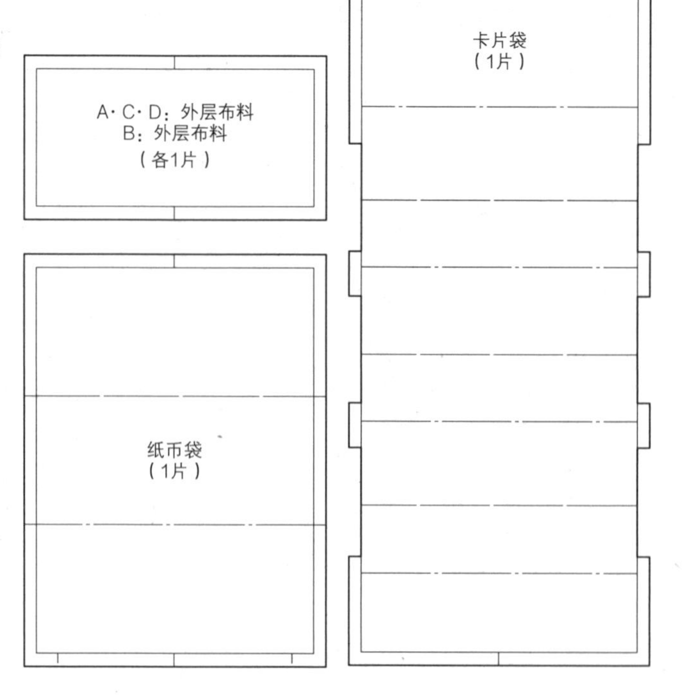

制作方法 →参照第 44 页（纸币袋）及第 54 页 –E（零钱包）零钱包缝合之前，用锥子沿着外层皮革 < 大 > 的成品线内侧 0.7cm 开针孔，手缝接合于外层布料。

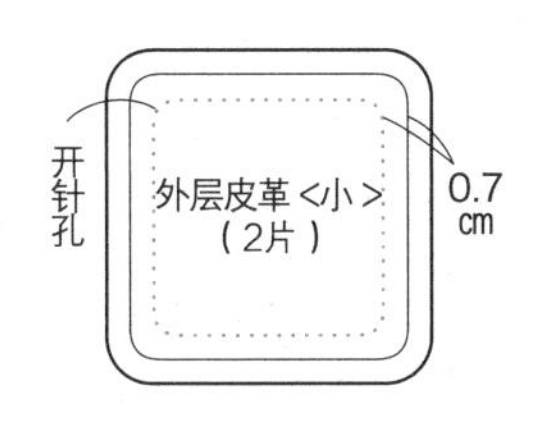

B 皮革 + 布料 〔成品尺寸：10cm × 10cm〕

材料

外层皮革・零钱包内页皮革・零钱包外层皮革（厚度 0.4mm 猪皮）：23cm × 22cm

零钱包外层布料・零钱包内页布料（棉布・11 号帆布）：18cm × 11cm

卡片袋・纸币袋（棉・床单布）：44cm × 49cm

薄黏合衬（无纺布）：44cm × 49cm

双面黏合衬：18cm × 11cm

四合扣：9.8cm × 4 组

所需零件〔零钱包〕

纸型：

后贴边 ①

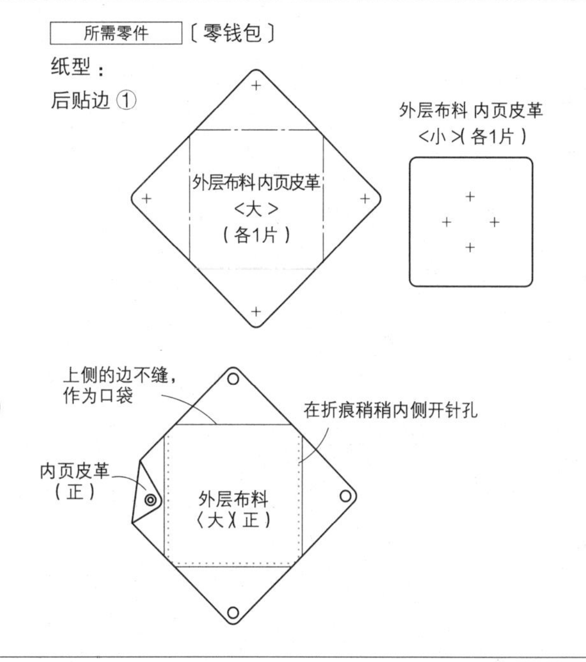

制作方法 →参照第 44 页（纸币袋）及第 51 页 –A（零钱包）零钱包用锥子在贴合着外层布料和内页皮革的背面 < 大 > 开针孔，手缝接合于外层皮革。

C 布料 + 布料 〔成品尺寸：10cm × 10cm〕

材料

外层布料（棉布・9 号帆布）：23cm × 12cm

卡片袋・纸币袋・零钱包外层布料・包底（棉布・印染）：44cm × 65cm

薄黏合衬（无纺布）：44cm × 65cm

双面黏合衬：31cm × 9cm

所需零件〔零钱包〕

纸型：第 90 页

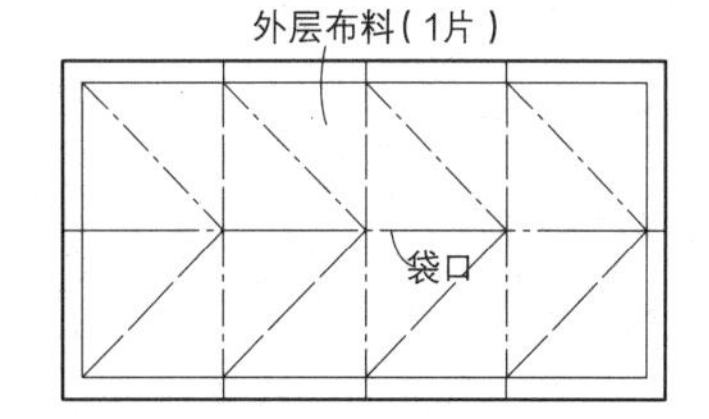

制作方法 →参照第 44 页（纸币袋）及第 63 页 –B（零钱包）零钱包手缝接合于外层布料。

D 布料 + 布料 〔成品尺寸：10cm × 10cm〕

材料

外层布料（棉布・印染）：23cm × 12cm

卡片袋・纸币袋・零钱包内页布料（棉布・印染）：44cm × 61cm

零钱包外层布料（棉布・印染）：18cm × 19cm

薄黏合衬（无纺布）：44cm × 65cm

皮革合扣：宽 18mm × 1 组

所需零件

〔零钱包〕

纸型：第 89 页

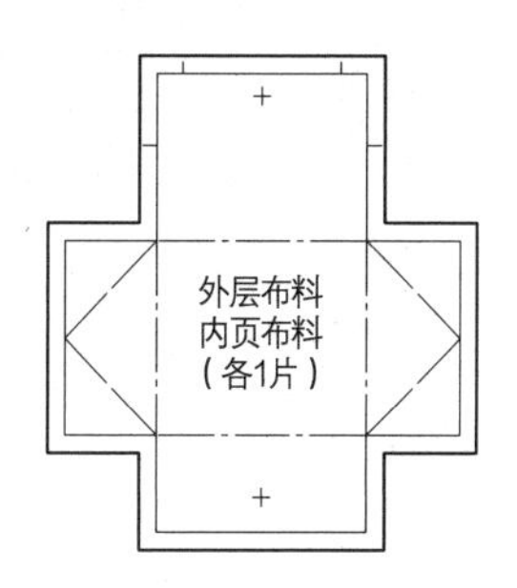

制作方法 →参照第 44 页（纸币袋）及第 46 页 –B（零钱包）

27 三折钱包 P.30

用钱包链就能亲手制作，准备合适长度的钱包链，两端各固定一个龙虾扣。
零钱包缝合三边，留下一边作为口袋。

A 皮革＋布料〔成品尺寸：6.5cm×9cm〕

材料

内页布料・卡片袋・零钱包外层布料・
零钱包内页布料（棉布・印染）：42cm×44cm
薄黏合衬（无纺布）：42cm×44cm
四合扣：直径9.8mm×2组
带双龙虾扣的钱包链（截面为0.8mm边长方形的线材）：
38cm×1根（★）

B 布＋布〔成品尺寸：6.5cm×9cm〕

材料

外层布料・零钱包外层布料（人造毛）：22cm×28cm
内页布料・卡片袋・挂袢・
零钱包内页布料（棉布・印染）：22cm×65cm
薄黏合衬（无纺布）：42cm×49cm
四合扣：直径9.8mm×2组

C 布＋布〔成品尺寸：6.5cm×9cm〕

材料

外层布料・零钱包外层布料・零钱包内页布料（丝绸・衣料）：22cm×28cm
内页布料・卡片袋・挂袢（丝绸・绒面）：22cm×65cm
薄黏合衬（无纺布）：42cm×49cm
皮革合扣：宽18mm×2组

准备 ※A、B、C

A的外层皮革按纸型裁剪。A、B、C的内页布料、卡片袋、零钱包外层布料、零钱包内页布料的反面贴黏合衬，并按纸型裁剪。

A～C 所需零件

纸型：第95页及封壳背面 ※挂袢按图示尺寸裁剪。

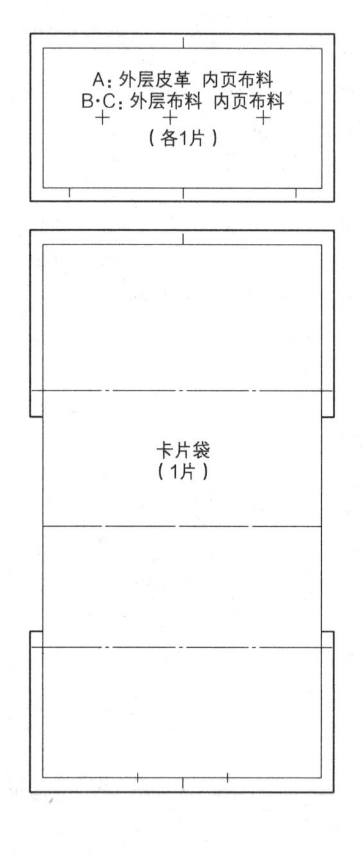

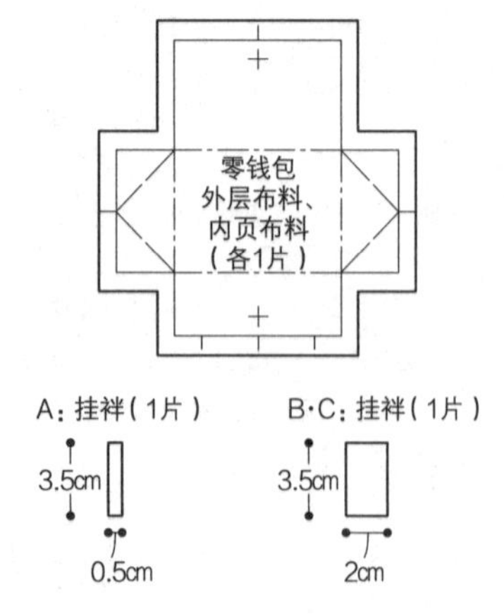

制作方法 ※A、B、C

❶ 折叠卡片袋，口袋口折边车缝。缝合隔断（→第 41 页 -1）。
❷ 内页布料的翻口的缝份加剪口，缝份折入反面（→参照第 45 页 -2）。
❸ 固定四合扣（或皮具合扣）的凹侧（→参照第 38 页 -5）。
❹ 沿着成品线重合内页布料和卡片袋，正面对合外层皮革（或外层布料）。制作挂袢并夹入上端，避开翻口缝合一周。
❺ 制作盒褶零钱包（→参照第 46 页 -B）。
❻ 从翻口翻到正面，缭缝接合零钱包的两侧边和包底。
❼ 订缝翻口。固定四合扣（或皮革合扣）的凸侧（→参照第 38 页 -5 及第 45 页 -4）。A 将钱包链固定于挂袢。

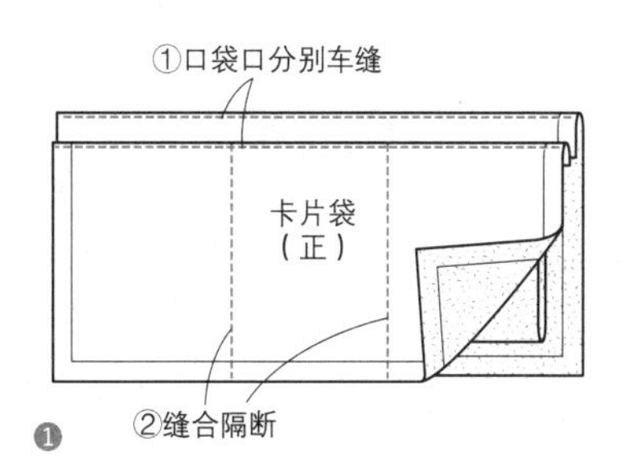

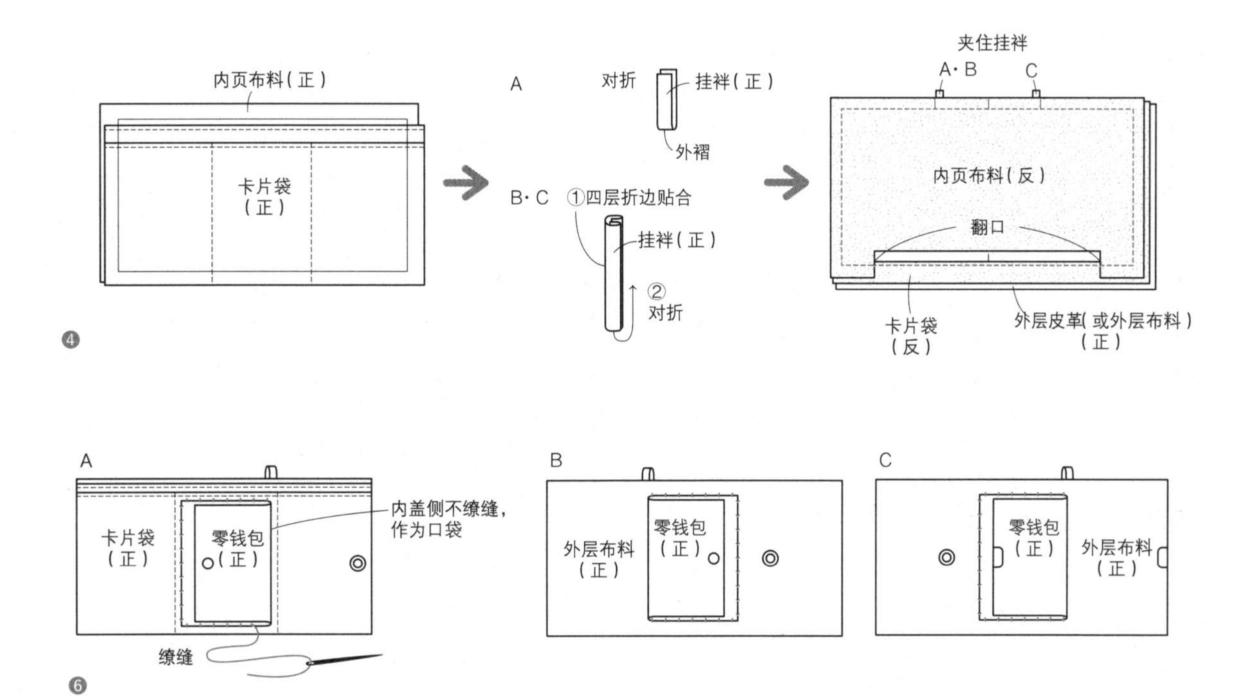

28 小零钱包 P.32

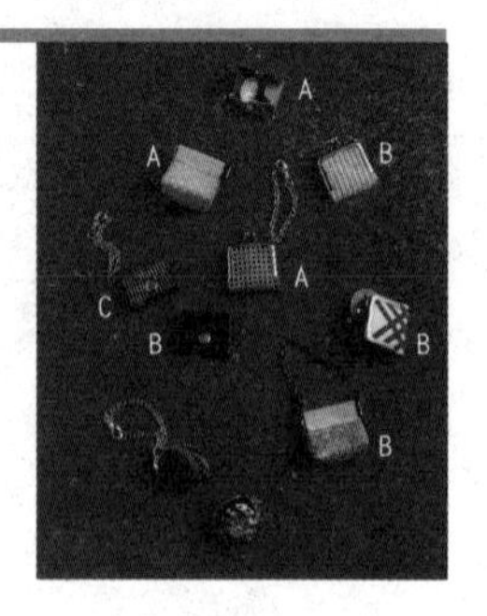

用之前作品剩下的边角料制作而成。
小巧精致，可容纳两枚硬币。

口金

A 皮革〔成品尺寸：4cm×4cm〕

材料

外层皮革（厚度 1.3mm 牛皮・边角料）：5cm×9cm
带开口圈的蛤口口金：4cm×3.9cm（F16）×1个（★）
纸绳：适量
钱包链：12cm

准备

外层皮革按纸型裁剪。

制作方法

❶ 准备纸绳，口金嵌入外层皮革（→参照第 43 页 – 10 ）。
❷ 固定钱包链。

A・B
所需零件

纸型：封壳背面

A：外层皮革（1片）

B：外层布料
内页布料
（各1片）

B 布料+布料〔成品尺寸：4cm×4cm〕

材料

外层布料（棉布・条纹或半亚麻布）：6cm×9cm
内页布料（棉布・印染）：6cm×9cm
薄黏合衬（无纺布）：6cm×9cm
铜版纸：5cm×9cm
纸绳：适量
带开口圈的蛤口口金：4cm×3.9cm（F16）×1个（★）

准备

外层布料直接按纸型裁剪，内页布料的反面贴黏合衬之后按纸型裁剪。
铜版纸按外层布料纸型稍大 1mm 的尺寸裁剪，两侧边的折份省略。

制作方法

❶ 外层布料的周围和侧边的折份涂胶水，重合铜版纸，在包底加入折痕，同时贴合。
折入两侧边的折份后贴合（→参照第 43 页 – 8 ）。
❷ 折入内页布料的两侧边的折份后贴合。周围涂胶水，包底加入折痕，并与步骤①成品贴合。
❸ 准备纸绳，嵌入口金（→参照第 43 页 – 10 ）。

弹簧口

皮革 〔成品尺寸：4cm×4cm×3cm〕

A

材料

外层皮革（厚度 0.4mm 猪皮）：9cm×9cm

弹簧口口金：5cm×1cm×1 个

B

材料

外层皮革（厚度 0.7mm 牛皮）：9cm×9cm

带开口圈的弹簧口口金：5cm×1cm×1 个

钱包链：12cm

准备 ※A、B

外层皮革按纸型裁剪。

制作方法 ※A、B → P. 57 参照第 57 页

❶ 沿着成品线，将外层皮革的包口折入正面缝合。

❷ 正面对合，缝合包底和侧边。

❸ 缝合拼块，翻到正面。

❹ 穿入口金。B 固定钱包链。

A・B 所需零件

纸型：封壳背面

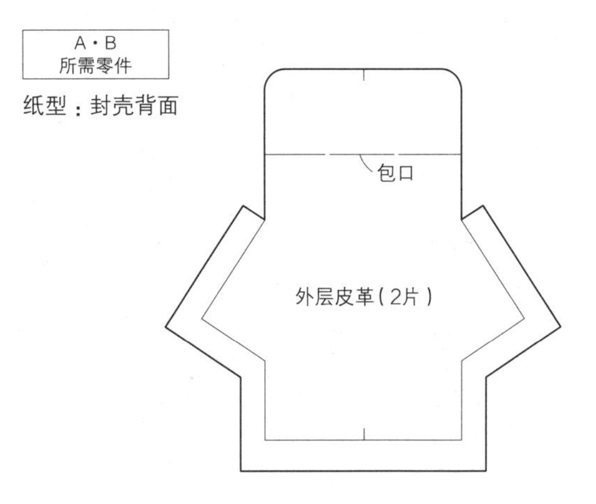

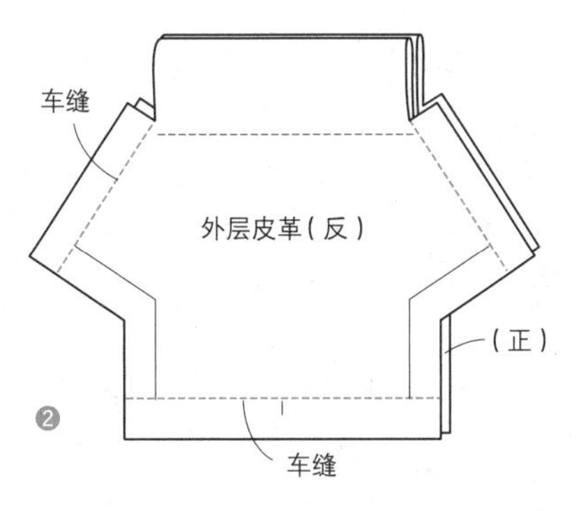

盒褶

A 皮革 〔成品尺寸：4cm×3.5cm〕

材料

外层皮革・贴边（厚度 1.2mm 牛皮）：8cm×10cm

四合扣：直径 9.8mm×1 组

麻线：适量

B 布料＋布料 〔成品尺寸：4cm×3.5cm〕

材料

外层皮革・贴边（棉布・7 号帆布）：8cm×10cm

内页布料（棉布・印染）：8cm×10cm

双面黏合衬：8cm×10cm

四合扣：直径 9.8mm×1 组

A～C 所需零件

纸型：封壳背面

※ 挂袢按图示尺寸裁剪。

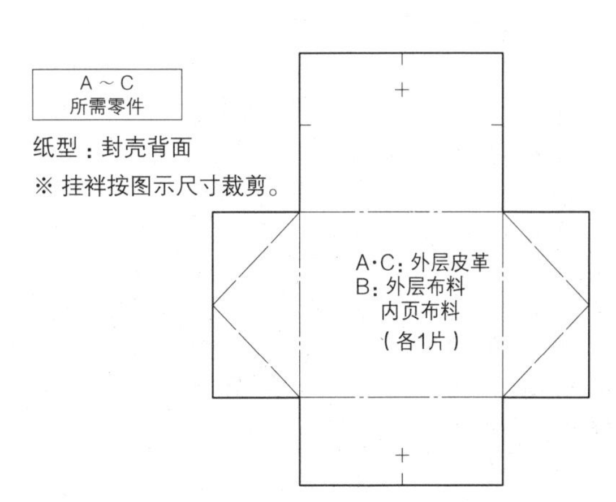

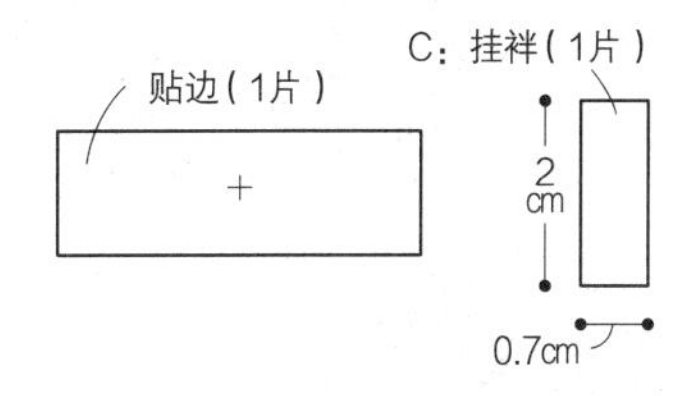

C 皮革〔成品尺寸：4cm×3.5cm〕

材料

外层皮革・贴边・挂袢（厚度 0.6mm 猪皮）：8cm×10cm

四合扣：直径 9.8mm×1 组

钱包链：12cm

准备 ※A、B、C

A、C 按纸型裁剪。B 将外层布料和内页布料粗裁，用双面黏合衬贴合，并按纸型裁剪。布边涂皮边油。

制作方法 →参照第 37 页

❶ 用胶水将贴边贴合于外层皮革（外层布料）的内盖反面。

❷ A 将外层皮革反面向内贴合，开针孔后手缝。
B 将外层布料（C 为外层皮革）的侧边反面向内贴合（C 为夹住挂袢），并车缝。

❸ 固定四合扣（参照第 38 页 -5）。
C 将钱包链固定于挂袢。

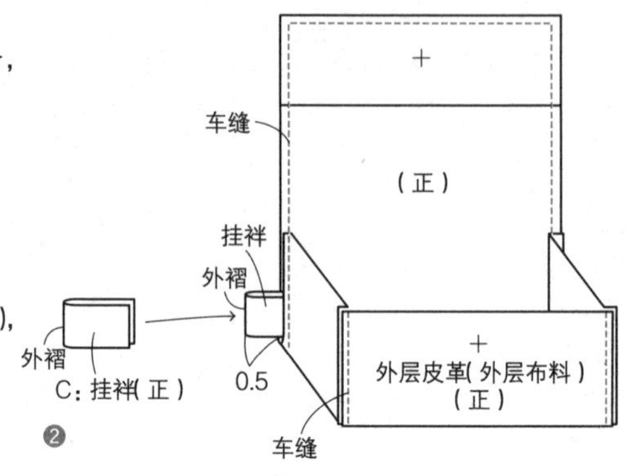

马卡龙

皮革＋皮革〔成品尺寸：直径 3.5cm〕

所需零件

纸型：封壳背面

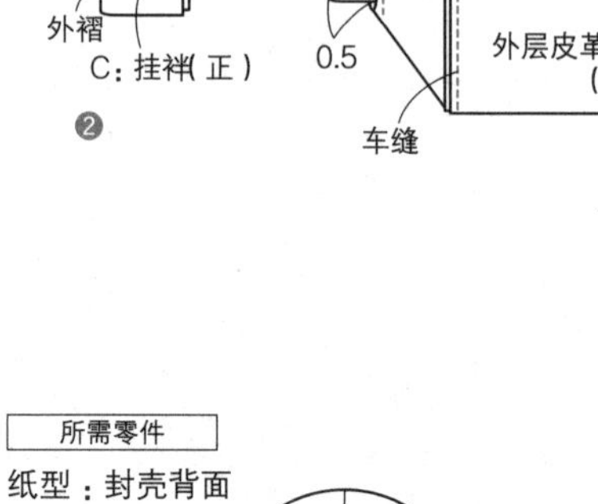

材料

外层皮革（厚度 0.6mm 红色牛皮 / 厚度 1.2mm 银色牛皮）：7cm×4cm

内页皮革（厚度 0.5mm 猪皮）：7cm×4cm

拉链：10cm×1 根

钱包链：12cm

麻线：适量

准备

外层皮革、内页皮革按纸型裁剪。

制作方法

❶ 外层皮革开针孔。

❷ 处理拉链的端部（→参照第 42 页 -2 ④~⑦），手缝接合于外层皮革。

❸ 内页皮革用胶水贴合于外层皮革的反面。

❹ 钱包链固定于拉链的拉片。

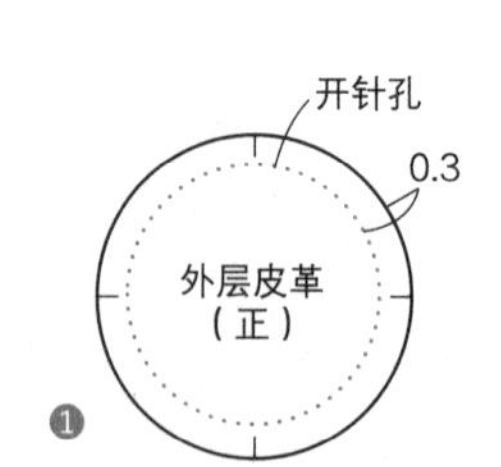

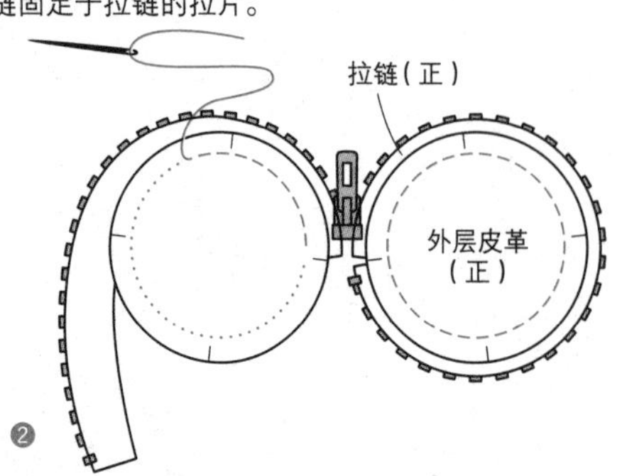

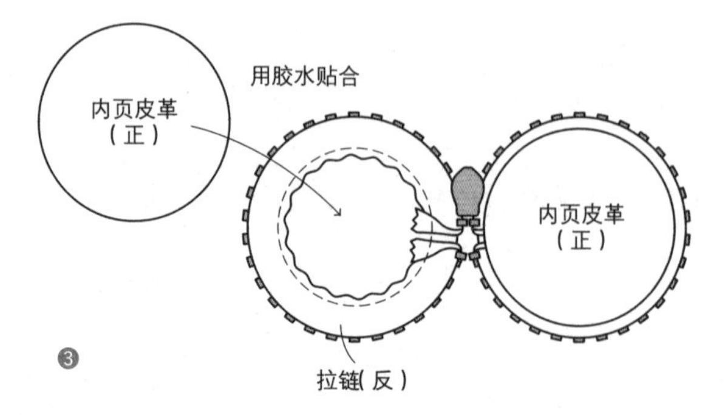

1、2、14、20-Asub、26-D

实物等大纸型

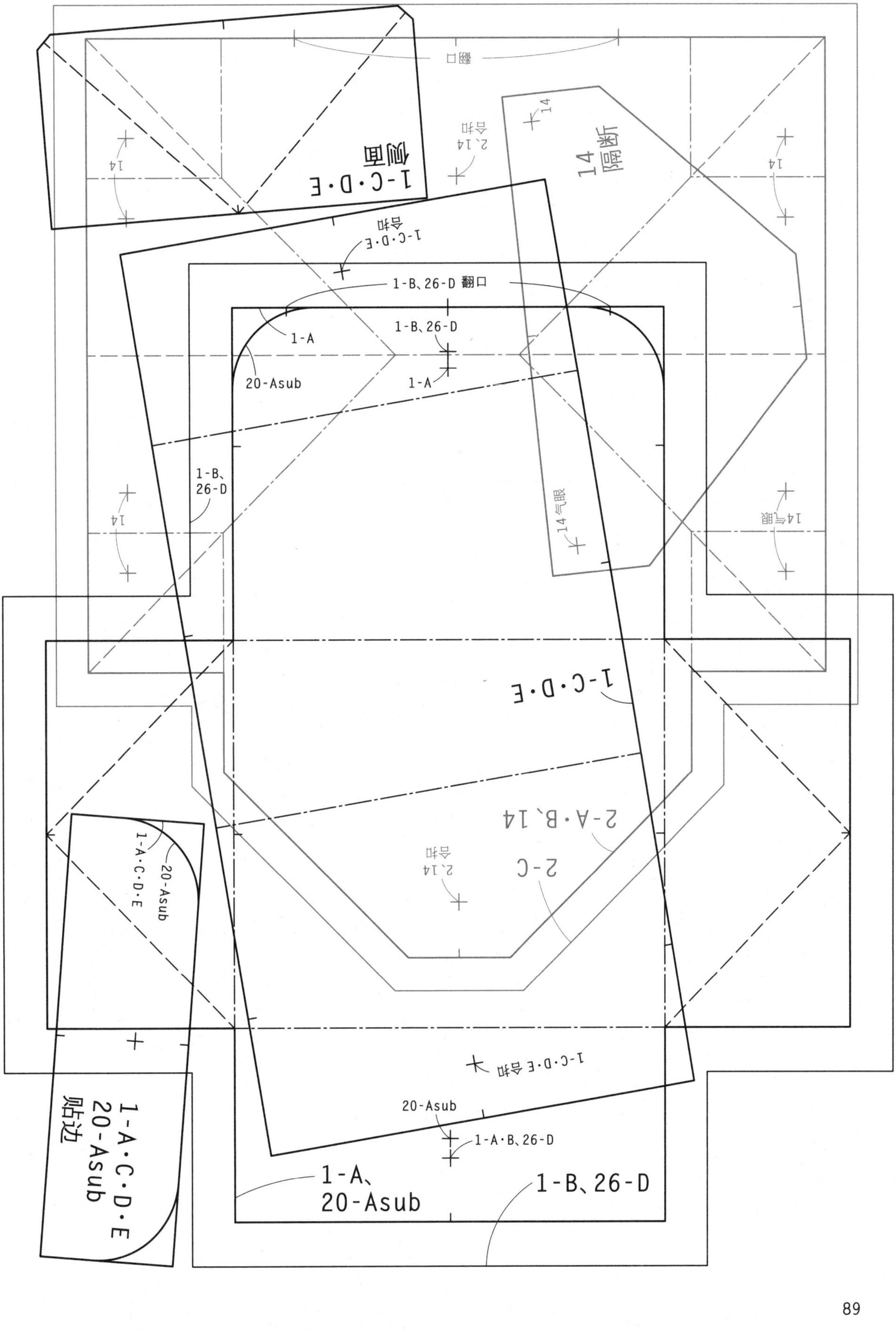

1-C·D·E
侧面

14
隔断

1-B、26-D 翻口

1-A

1-B、26-D

20-Asub

1-A

1-B、
26-D

14气眼

1-C·D·E

2-A·B、14

2-C

1-A·C·D·E
20-Asub
贴边

20-Asub

1-A·B、26-D

1-A、
20-Asub

1-B、26-D

6-A～F、12、13、18sub、19-Csub、26-A·C

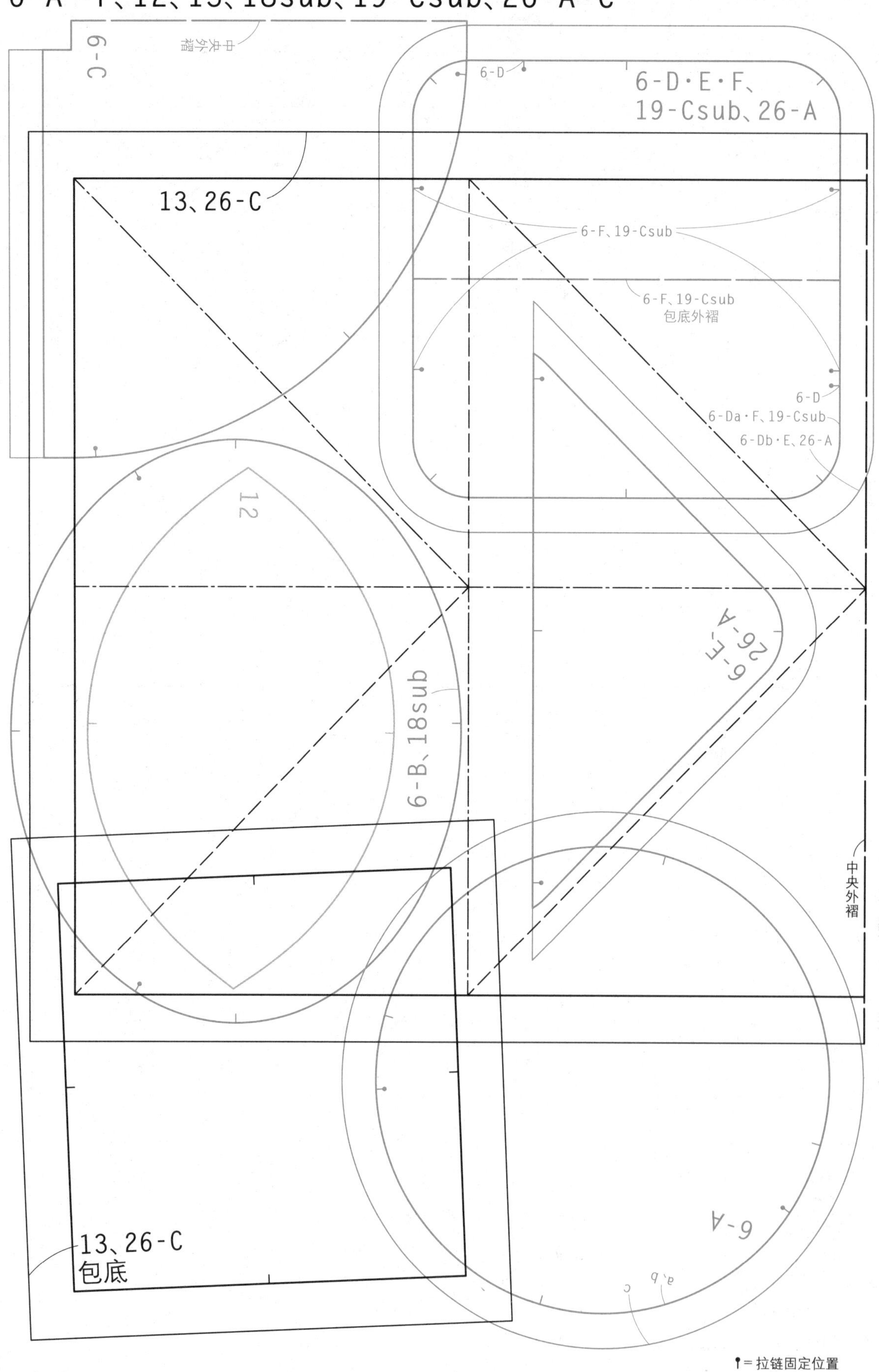

⚲=拉链固定位置

11、22

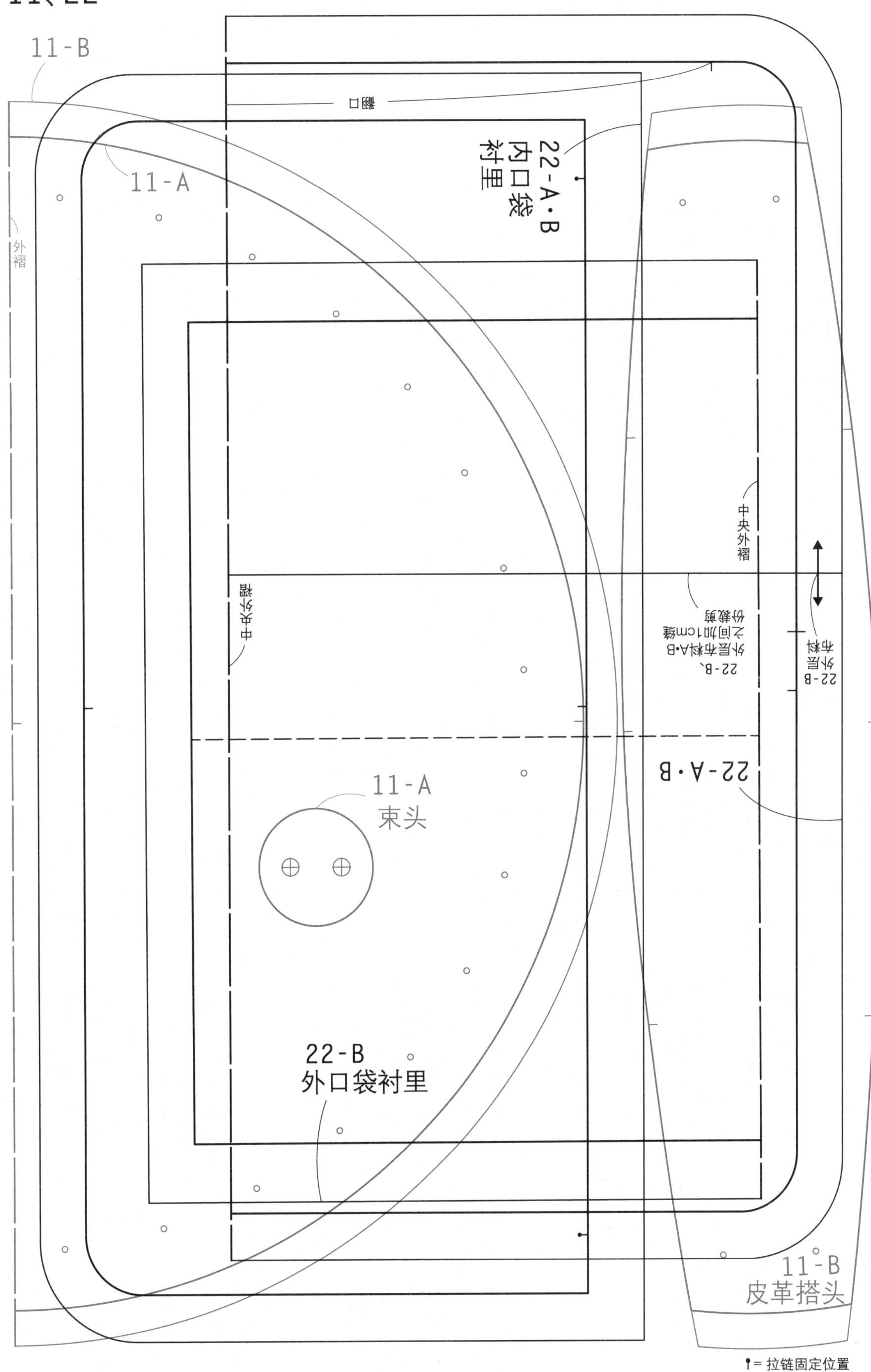

11-B
11-A
外褶
翻口
22-A·B
内口袋
衬里
中央外褶
22-B、
外层布料A·B
之间加1cm缝
份裁剪
22-B
外层
布料
22-A·B
11-A
束头
22-B
外口袋衬里
11-B
皮革搭头
= 拉链固定位置

6-G、23、24

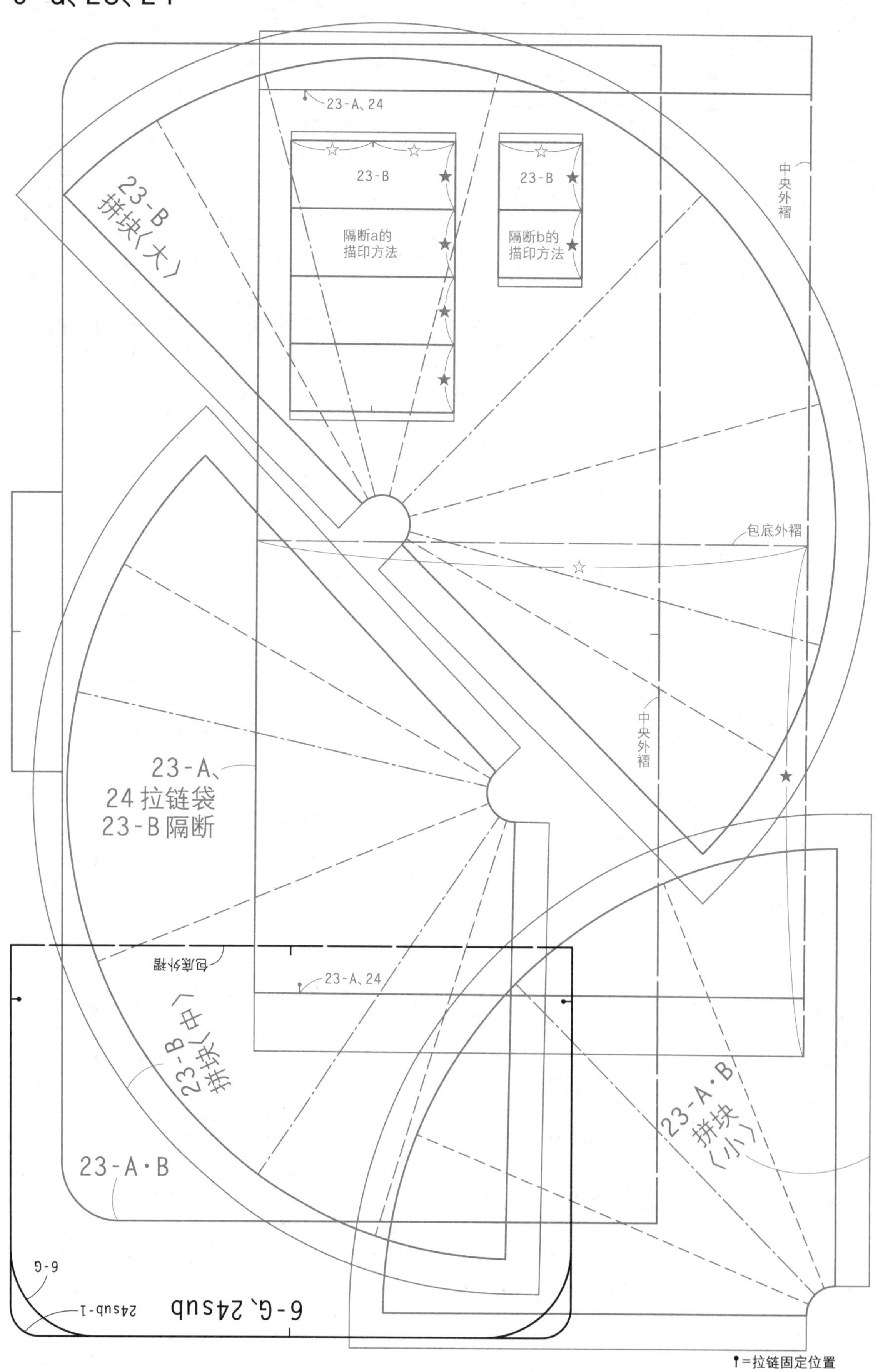
23-A、24
23-B
23-B
隔断a的
描印方法
隔断b的
描印方法
中央外褶
23-B
拼块〈大〉
包底外褶
中央外褶
23-A、
24 拉链袋
23-B 隔断
包底外褶
23-A、24
23-B
拼块〈中〉
23-A·B
拼块〈小〉
23-A·B
6-G
24sub-1
6-G、24sub
=拉链固定位置

24、25

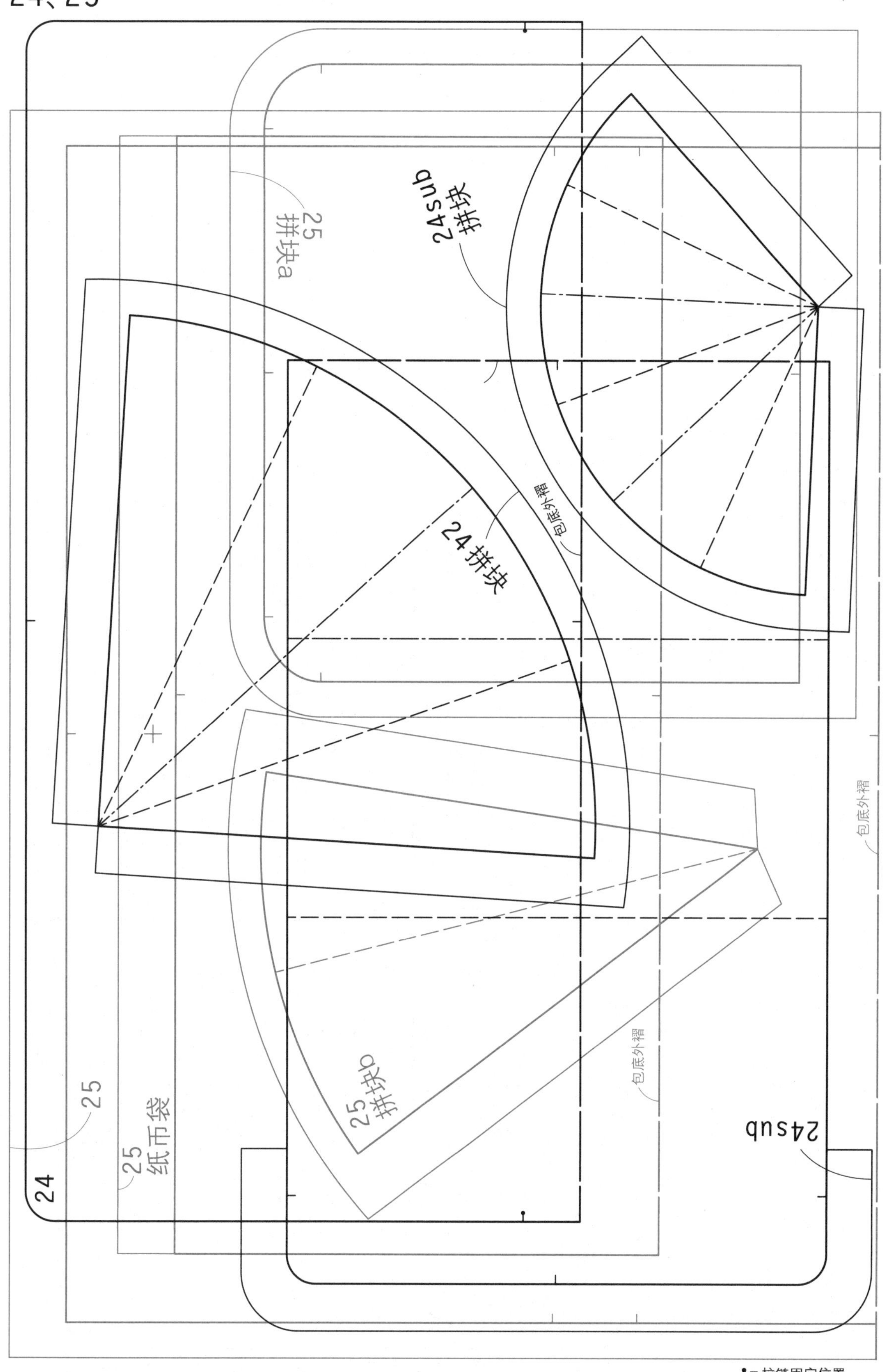

= 拉链固定位置

4、16、19、19-Bsub、21

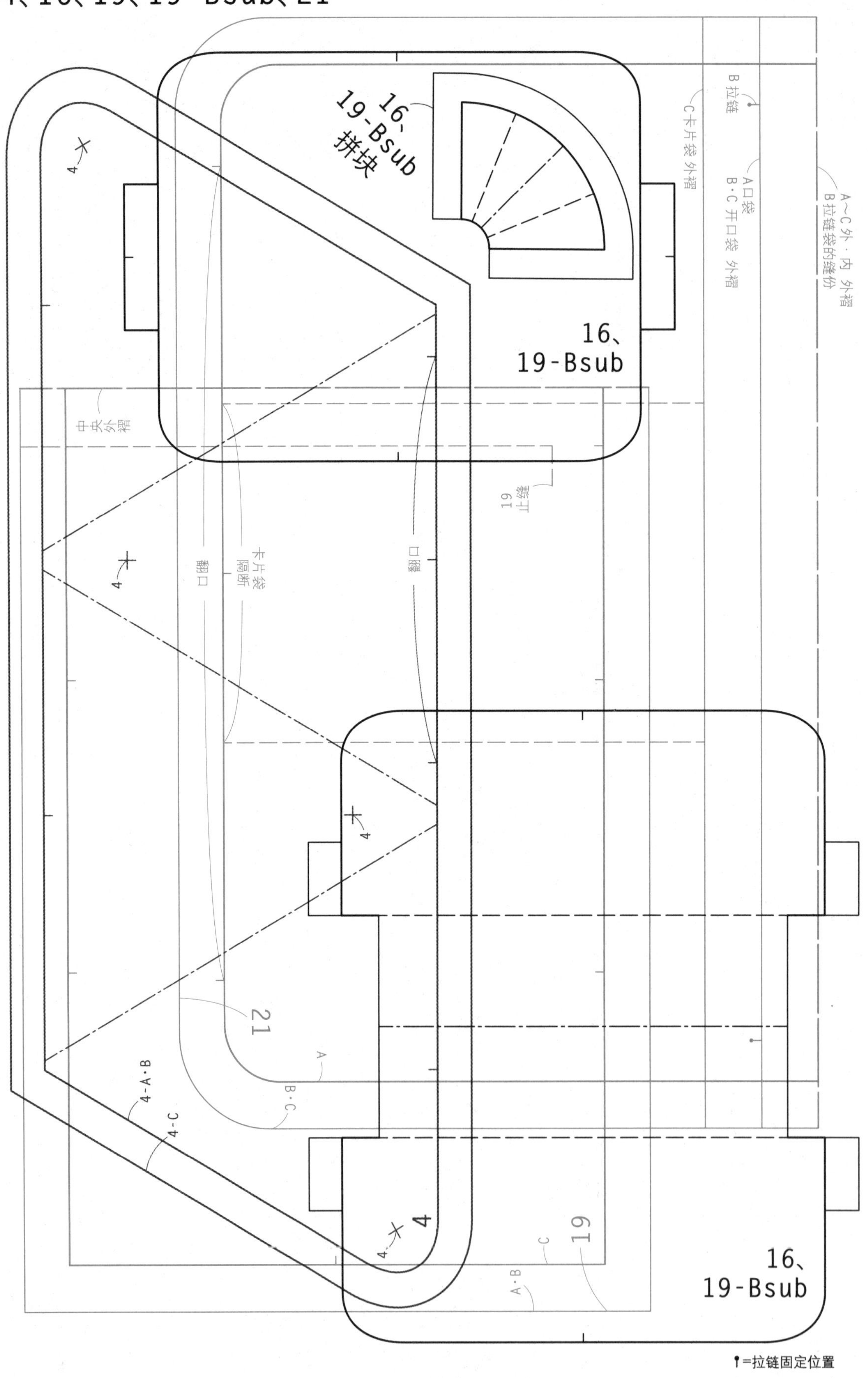

ⵏ=拉链固定位置

15、19-Asub、27

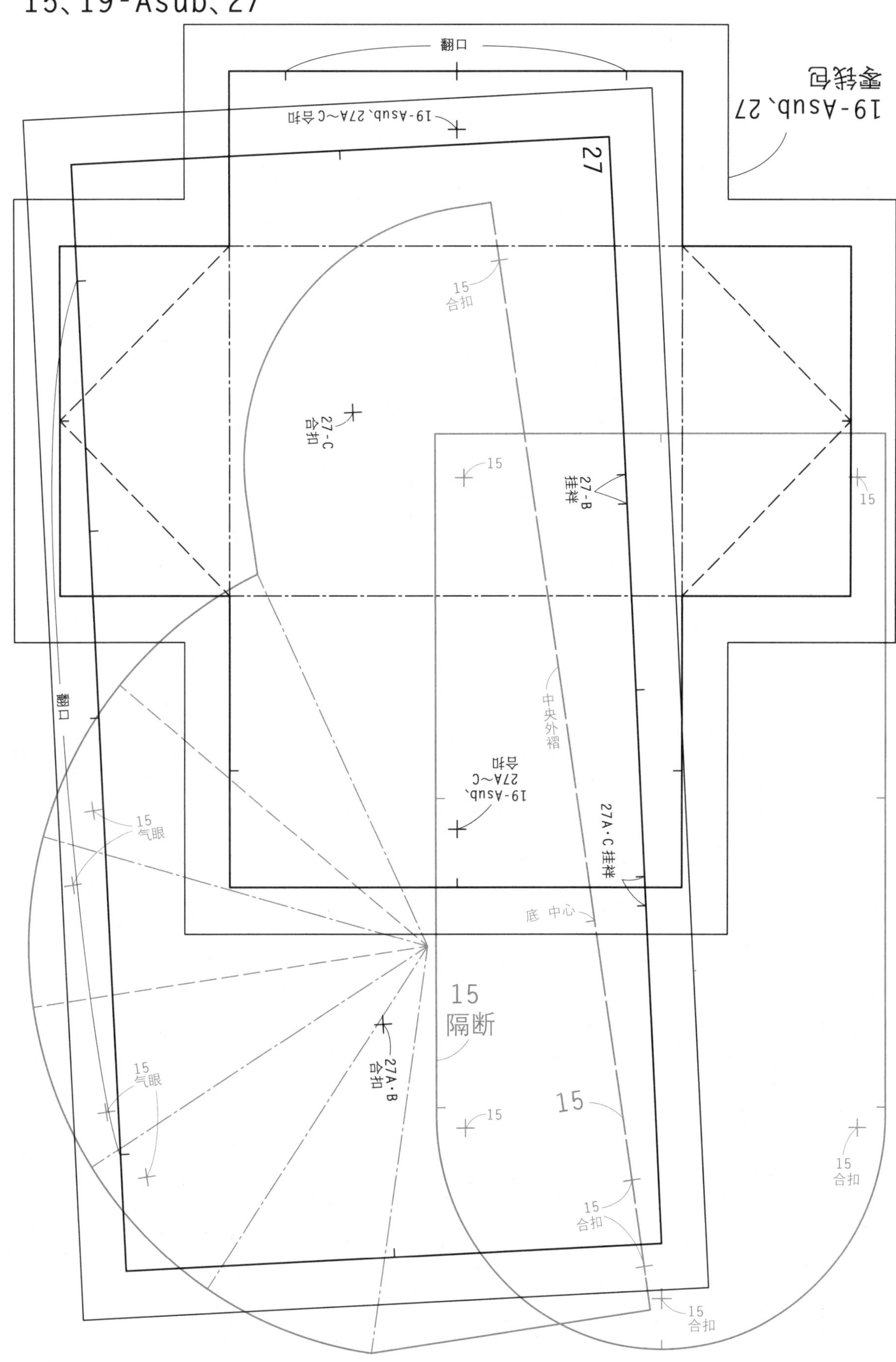

翻口
19-Asub、27
零钱包
19-Asub、27A～C合扣
27
15
合扣
27-C
合扣
15
27-B
挂袢
中央外褶
19-Asub、
27A～C
合扣
27A·C挂袢
15
气眼
底 中心
15
隔断
27A·B
合扣
15
15
合扣

3、7、9、18

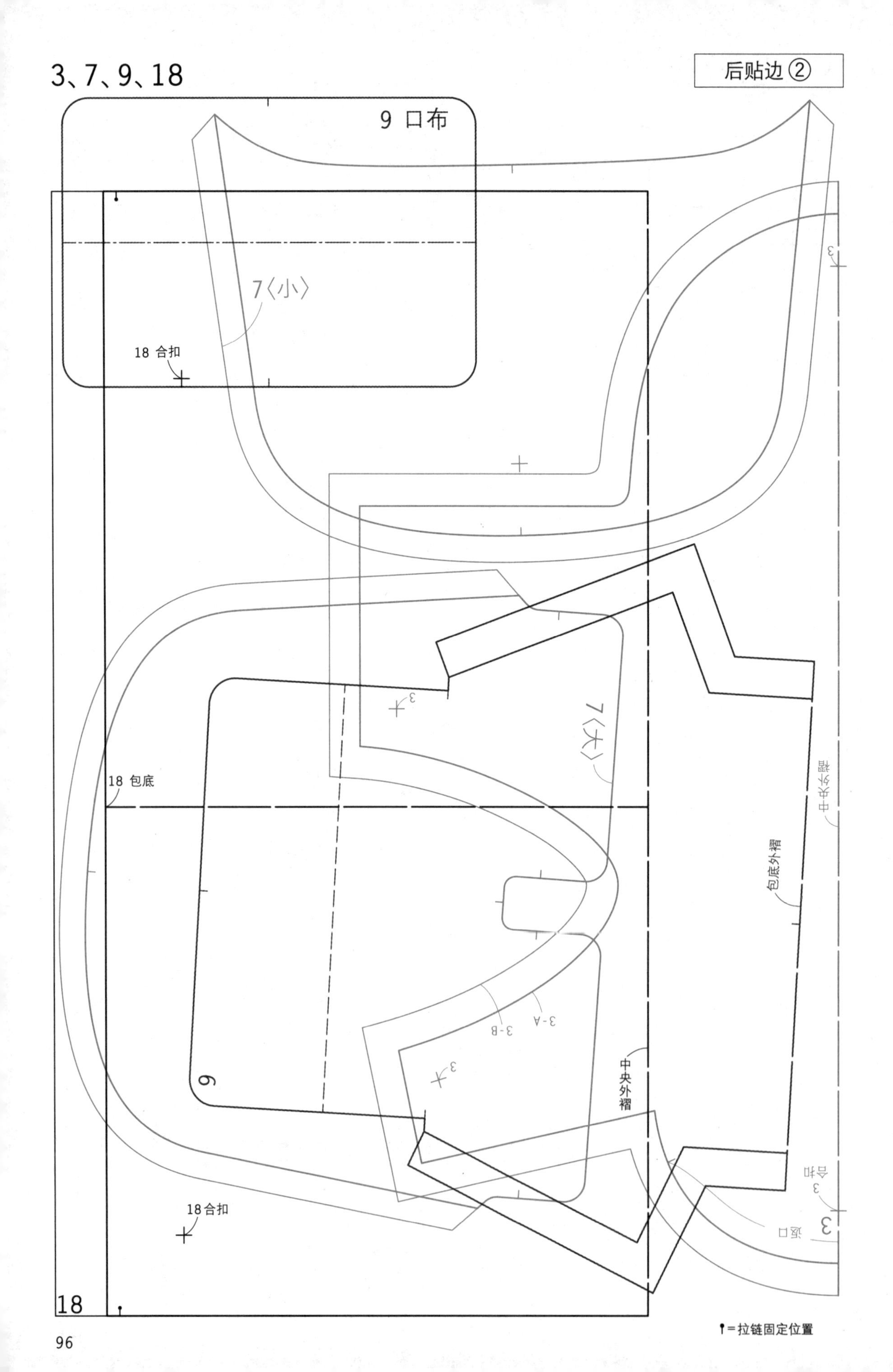

⫯=拉链固定位置

5、8、10、17、21-Csub、26-B

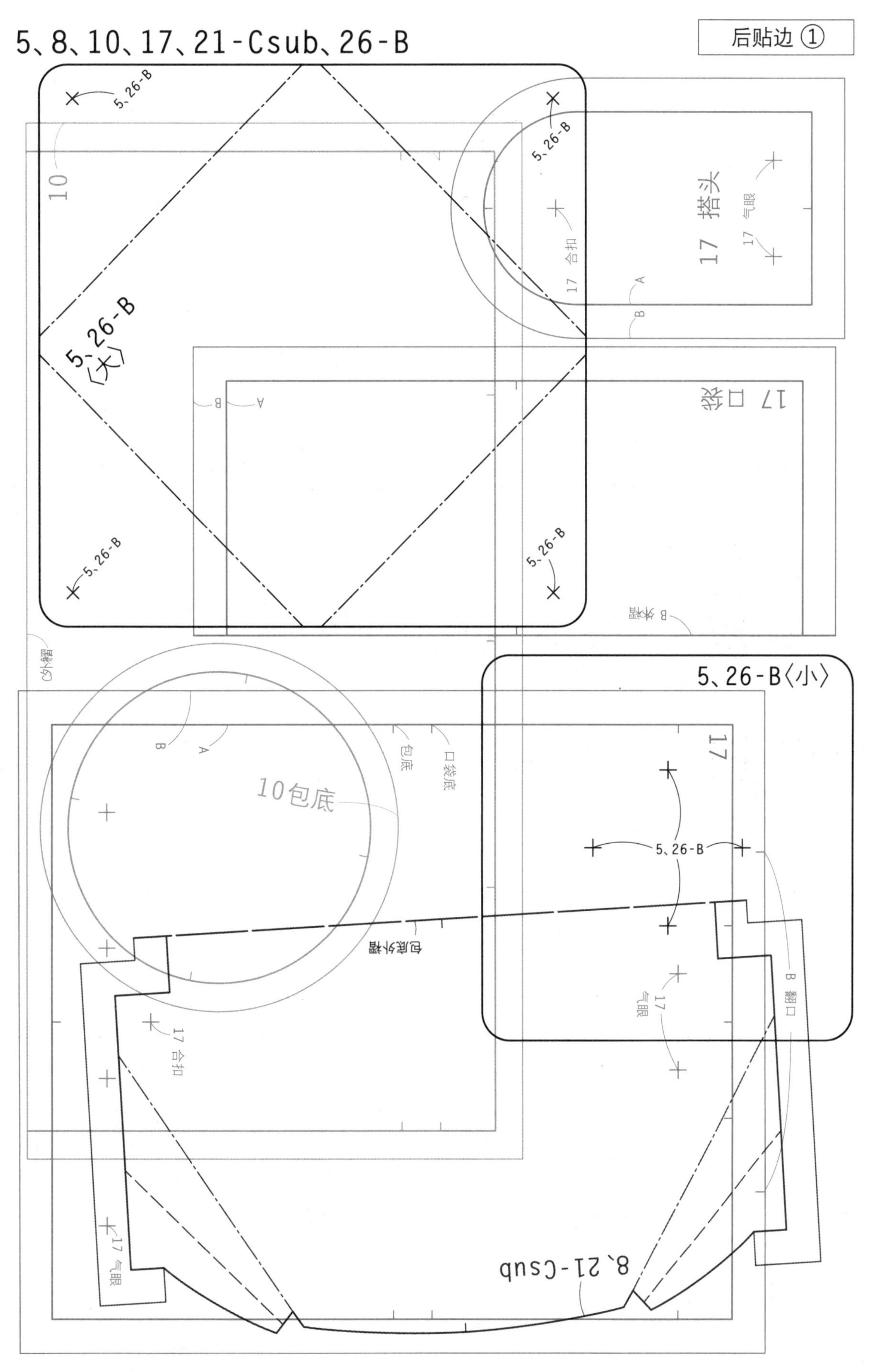

本书是日本手工作家越膳夕香的手工作品集，有零钱包、短款钱包、长款钱包、口金包等各种造型，多达97款。这些作品综合使用了布和皮革的材料，作品设计注重日常使用的便利性、功能性，制作步骤简单，书中附送实物等大纸型，适合手工爱好者参考、学习。

图书在版编目（CIP）数据

皮革和布制作的钱包 /（日）越膳夕香著；裴丽，陈新平译.
北京：化学工业出版社，2018.4
ISBN 978-7-122-31642-4

Ⅰ.①皮… Ⅱ.①越… ②裴… ③陈… Ⅲ.①皮包-皮革制品-制作 Ⅳ.①TS563.4

中国版本图书馆CIP数据核字（2018）第041328号

责任编辑：高　雅　　　　装帧设计：刘丽华
责任校对：边　涛

出版发行：化学工业出版社（北京市东城区青年湖南街13号　邮政编码100011）
印　　装：中煤（北京）印务有限公司
787mm×1092mm　1/16　印张 6¼　字数 200 千字　2018年8月北京第1版第1次印刷

购书咨询：010-64518888（传真：010-64519686）　售后服务：010-64518899
网　　址：http：//www.cip.com.cn
凡购买本书，如有缺损质量问题，本社销售中心负责调换。

定　　价：49.80元